骨科獸醫師的
狗貓復健全書

骨關節炎・前十字韌帶斷裂・椎間盤疾病
20 種外科常見問題的對症照護指南

Wondervet 超級好獸醫

蕭慧貞、林哲宇 著

林川 插畫

推 薦 序

過去的狗貓主人，常苦於資訊不足，難以判斷獸醫師的「一家之言」到底是真是假。現在社群媒體發達，資訊多是多了，但卻是真假莫辨。飼主的焦慮不但沒有減輕，甚至蔓延到醫病雙方：獸醫師們也感覺到網路謠言的傷害力，大到已經會鬆動雙方的互信基礎。那真相與真實的知識在哪裡呢？暫時，我們還不能相信一本正經給你奇怪資訊的 AI……

終於看到由蕭慧貞、林哲宇兩位獸醫師集合這幾年來孜孜不倦所寫的大作出版。《骨科獸醫師的狗貓復健全書》，是臺灣第一本由專業復健獸醫師所撰寫的，給寵物主人看的工具書，書中介紹了狗貓有關骨骼、肌肉、關節以及中樞神經系統等運動器官的基本知識，這對於一般飼主來說，可以幫助他們更好地理解毛小孩的肢體語言和行為，並在牠們出現異狀時及時發現問題。作者深入探討了狗貓跛行與癱瘓的原因，從骨骼關節疾病到神經性問題，都進行了詳細的分析和說明，並且依照實證醫學（EBM）的嚴謹資料篩選方法，提供了相應的正確診斷和治療方法。

在了解了各種疾病和治療方法之後，作者接著介紹了小動物常見的

復健治療方法，包括冷熱敷、電療、雷射、震波、運動治療和水療等多種方式，不光只是泛泛介紹，而是針對這些工具的優缺點、使用時機，甚至操作方法，都深入剖析。作者也貼心地介紹了居家照護和輔具的使用方法，幫助飼主們為寶貝們提供更好的生活環境，並協助牠們在外科治療之後，盡快恢復運動能力。

《骨科獸醫師的狗貓復健全書》不僅適合一般飼主閱讀，作為居家照護的參考，因為內容已經囊括了幾乎所有常見的小動物骨骼、肌肉和神經疾病，其實它也非常適合家庭獸醫師作為日常診療的工具書，讓獸醫師們可以有效率地做出有邏輯、不浪費飼主醫療費的正確初步診斷。

台灣大學臨床動物醫學研究所　葉力森教授

推薦序

我認識林哲宇醫師是在他還沒有成為醫師的時候，那時，有些獸醫系高年級學生會到醫院裡見習，他總是默默聆聽勤快做事並不多言。

經過比較長時間接觸後，這種沉穩、持續的特性也非常符合一位優秀外科醫生的特質，所以當時醫療團隊需要新血加入時，林醫師自然在我們考慮人選裡。他也正如我們的期盼，雖然沒有跳躍式的成長，但是我更欣賞他一步步依照自己的步伐持續性的壯大。

在我離職之後，林醫師更走出了自己與眾不同的路。在臺灣，寵物復健一直是條寂寞的道路，可是被他走出一條康莊大道，成為開路先鋒，我實在為他感到高興與喝采。

林醫師與蕭醫師展開了他們新的斜槓人生，在網路上打開一片天，我非常佩服。在手術台上，一次只能救一隻動物；可是在網路上傳播正確知識，可以救無數的貓、狗或是其他種動物。而且他們請到的人都是獸醫行業裡的翹楚，實屬不易。將不同領域的專業與經驗結合起來，濃縮在很短的時間裡傳達給大眾，不只是

一般飼主，即使像我一個獸醫師也覺得受益良多。

如今他們把這些談話內容整理集結成書，讓民眾可以有更正確的照護小動物知識，對獸醫師而言也能知道各個領域的發展。很高興能為這本書寫序，我也相信這是這個系列的第一本書，期待第二部書也能早日付梓。

美國執業獸醫師 王勢爵　2024 年 5 月於洛杉磯

作者序

在本書問世前歷經不少波折，回想起來都覺得很不容易。當初我常說，如果有一天看到本書出版，應該會感動得痛哭流涕，而現在終於完成，想想都覺得很不真實。

過去在德國慕尼黑大學交換時，看到外科主任 Prof. Ulrike Matis 執行人工髖關節置換手術的精湛技術深深打動了我，點燃了我對骨外科的熱情。自中興大學臨床腫瘤研究所畢業後，2013 年加入了美國愛屋動物醫院團隊。當時，愛屋以執行小動物人工髖關節置換手術著稱，同時也是治療跛行、癱瘓等病患為主的骨科醫院。受到李學文醫師和謝豐義學長的指導，更深入研究骨外科和復健醫學。為了進一步提供更完整的醫療，在本書籌備期間，也進修復健運動醫學，取得美國田納西大學犬隻復健認證計畫 CCRP。2022 年，我也很幸運地獲得 AOVET 小動物骨科獎學金，至瑞士蘇黎世大學進行短期骨外科實習。

在執業過程中，隨著網路的崛起，我們發現家長們在就診前後，第一步就是上網搜尋資料。然而，中文資訊的正確性和專業性往往不足。相反，美國獸醫界的資源相對完整，例如美國獸醫外科專科獸醫協會 ACVS 等。

因此，出於對小動物骨外科及復健醫學的熱愛，我和林哲宇醫師於 2017 年共同創立「Wondervet 超級好獸醫」網站。我們的目標是透過文章內容，讓不論是否有來就診的家長，都能夠更清楚了解這些疾病。同時，我們也考慮到每次門診，家長不一定能夠在短時間內理解並吸收資訊，因此可以隨時回顧網站文章。雖然在隔年就有出版社接洽出書事宜，可惜卻因經費不足而無法繼續出版。後來找到麥浩斯出版社合作，總算讓夢想實現。

在疫情期間，我們也嘗試創立 Podcast 節目「Wondervet talk 超級好獸醫的閒聊時間」，讓硬核的衛教知識以更輕鬆的方式傳達，除了主軸的骨外科及復健醫學，也陸續邀請我們覺得很棒的醫師來分享不同領域的衛教知識。

本書集結了臨床上常見的小動物骨科及復健運動醫學基礎知識，希望能讓毛孩家長及家醫科獸醫師，對犬貓常見的骨外科、椎間盤疾病及復健運動醫學有更近一步了解，減少因誤信錯誤資訊而造成的缺憾。若本書有任何不足之處，煩請指正。最後，希望讀者能從本書中獲得滿滿的衛教資訊，並將其作為日後疾病醫療的參考工具。

Wondervet 超級好獸醫　蕭慧貞獸醫師

作者序

對於我個人而言，這本書是一個難以置信的存在，從小每次考作文都必須絞盡腦汁，塗塗改改才能勉強達到字數下限，沒有想到有生之年會有完成一本書的可能，或許這也算是很勵志的一件事情吧。

2011 年很幸運地開始於美國愛屋動物醫院執業，與一般獸醫院不同的地方是，這邊在當時已經算是一個骨科專門的醫院了，尤其以犬人工髖關節置換手術著稱，因此，無論是門診以及手術治療，都是以後軀癱瘓、跛行、無力或不良於行的動物為主，在這樣的環境下，讓我們比其他人更快速地熟悉各種骨科、神經以及肌肉等疾病，也在李學文醫師、王勢爵醫師和謝豐義醫師的指導下，漸漸熟悉各種基礎及進階的正確骨科手術技術。

經過四年的骨外科薰陶之後發現，即使有良好的骨外科手術設備及技術，在治療的過程中，仍然感覺缺失了些東西，尤其是在動物無法接受手術的情況下，這份失落及無力感會特別顯著。於是在醫院的支持下，我開始朝向小動物復健治療的領域探索，並在 2016 年完成田納西大學的犬隻復健認證計畫 CCRP，爾後更專注於骨科、神經以及肌肉問題的復健治療。

在過去 12 年的執業生涯中，也發現不只是飼主對於小動物復健治療的認識不多，其實獸醫師對於小動物復健治療的知識也極其有限，在滿腔熱血的傻勁下，2017 年和蕭慧貞醫師創立了 Wondervet 超級好獸醫的粉專，開始努力每週一篇知識文的分享，更在 2019 年開啟了 Podcast 的斜槓人生，成立「Wondervet talk 超級好獸醫的閒聊時間」，以不同的方式繼續傳播小動物骨科及復建相關的醫療知識，並且透過獸醫師的訪談，將我們比較不熟悉的領域，像是皮膚科、行為學、齒科、病理科、影像科、心臟科、腎臟科、骨外科和內科等科別的專業知識內容，從飼主及獸醫師的角度，闡述給大家，或許有時稍嫌艱澀，但反覆聆聽後，每每連我自己都有豁然開朗的體悟。同時，也藉由專訪，將業界非常出色的獸醫師們介紹給大眾。

這本書不只匯集我們的專業知識，也是我們臨床經驗的重要精華，把許多常見的復健相關疾病、復建相關的治療方式、居家照護甚至是鮮少被評比或提及的小動物輔具等資訊，多面向的呈現出來，希望能夠帶給所有讀者們最完整的資訊及幫助。

Wondervet 超級好獸醫　林哲宇獸醫師

CHAPTER 01 認識狗貓的運動器官與運作

CHAPTER 02 狗貓常見的跛行原因

小動物常見的復健治療

CHAPTER
05　# 小動物的居家照護

任何疾病在進行治療以前，正確診斷是最重要的！病急亂投醫可能造成無效或負面的醫療結果。舉例來說，當家中毛小孩出現後腳無力的症狀，造成後腳無力的可能原因有數十種，包含椎間盤突出疾病、退行性脊髓神經病變、骨科疾病等等。要區別和進行診斷，除了獸醫師的評估以外，影像學檢查也扮演非常重要的角色。

我們常看到焦急的主人在網路社團內分享，當毛孩出現症狀時，第一時間竟是根據網友建議自行下了判斷，便急著進行治療，這是相當冒險的行為！曾經有一個幼犬前肢骨折的案例，原本骨折斷面沒有嚴重錯位，但因為聽信旁人介紹，至無牌無照的國術館進行「喬骨」，結果卻造成骨折斷面嚴重錯位，不但延誤治療的最佳時機，更花了大把金錢，卻沒有真正幫助毛孩改善症狀。這就是實證醫學的重要性！

▋ 什麼是實證醫學？

「實證醫學」指的是：謹慎小心的採用至今為止已知的最佳臨床研究結果，作為治療照護個別病人臨床決策的參考。白話來說，就是參照前人的腳步，以統計學上得到證據力最強、有實驗支持的研究結果，作為治療決策的參考，而不是根據自身經驗或嘗試性去治療病患。

現代醫療發達，已有許多研究證據結果能夠幫助治療，就算是少見的疾病，透過實證醫學診斷五步驟，正確分析病患的臨床症狀、搜尋相關文獻並評估文獻證據力及可行性，也能找到相對適合病患的治療方式。

臨床獸醫師與復健獸醫師之間的關係：正確診斷的重要性

歐美國家的小動物復健師，主要有 2 種形式：

第 1 種形式，是由經驗豐富的**外科醫師**進行正確的診斷後，建議採用外科或是保守治療，再由復健獸醫師接手後續的醫療建議，**期間定期與外科醫師配合，討論治療效果及哪方面需要改善。**

第 2 種形式，是經驗豐富的外科醫師也同時取得復健獸醫師資格。在正確的診斷後，配合病患需要的治療給予建議。**這種形式**的優點是飼主們可免於在不同科別中奔波，減少轉診時間。但經驗豐富的外科醫師養成並不是那麼容易，必須經過長時間的經驗累積，不斷進修充實自己，才有辦法做出最好的治療建議。

關於**小動物外科專科獸醫師**，在歐美國家、澳洲及日本等國家和人醫的發展腳步相同，擁有完整的專科醫師訓練。獸醫學系畢業之後，進入大學教學醫院，經過 3 至 4 年住院醫師培訓，最後再通過獸醫外科專科考試，**才能成爲**小動物外科專科獸醫師。

可惜的是，臺灣目前沒有專科獸醫師的認證與制度，然而，雖然沒有專科醫師的認證，許多對於小動物外科懷有高度興趣的醫師，在畢業以後，會不斷充實自己，於國內外進修實習，也能在小動物外科方面取得良好的成就。

小動物外科在疾病診斷中佔有非常重要的一環，擁有豐富的外科知識與經驗，才能做出正確的疾病診斷。根據診斷，再進行適當的治療建議。然而，外科知識經驗的累積並非**一蹴可幾**，所以在很多情況下，反而錯失了正確的診斷。目前網路上也較少關於小動物外科知識的分享，希望能透過這本書籍，提供正確的小動物外科知識，讓大家能對小動物外科有更深的了解與認識。

表 0-1：常見小動物骨外科疾病的診斷流程。

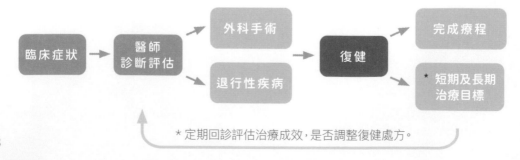

▌ 小動物復健及運動治療的歷史發展

在現代人的醫療中，復健醫學已是習以為常的治療方式。外科手術完成之後，一定會立刻找復健科醫師或物理治療師進行後續治療。

但是，在人類醫學發展過程中，復健醫學其實是相當年輕的一門科學。臺灣最早成立復健醫療單位的是台大醫院（成立於民國 47 年）；而國外最早的復健醫療單位，多數也大約是在 1920 年前後成立的，發展至今都不到百年歷史，因此在小動物的醫療領域中，復健治療更可說是新興的一項治療方式。

在美國田納西大學獸醫學院(University of Tennessee) [1]、犬復健訓練機構(Canine Rehabilitation Institute) [2]、氣協會(Chi University) [3] 及國際獸醫針灸學會(International Veterinary Acupuncture Society, IVAS) [4] 對小動物復健醫學不遺餘力的推廣下，相信不久的將來，在小動物醫療領域，復健治療也會變成一般的治療程序。

---

1. **美國田納西大學獸醫學院**（University of Tennessee）於 1999 年建立了犬隻復健繼續教育課程認證 Certified canine rehabilitation practioner, CCRP。

2. **犬復健訓練機構**（Canine Rehabilitation Institute）位於美國佛羅里達州的 Janet Van Dyke 獸醫師所創立的機構，提供犬隻復健治療師 Certified canine rehabilitation therapist, CCRT 認證。

3. **氣協會**（Chi University）由 Xie Huisheng 獸醫師於 1998 年創立，旨在提供獸醫關於中獸醫相關的培訓課程。

4. **國際獸醫針灸學會**（International Veterinary Acupuncture Society, IVAS）是美國獸醫師於 1974 年設立，旨在推廣獸醫針灸治療，並增加獸醫師這方面的教育資源。

在亞洲地區，日本及泰國是最早開始有小動物復健獸醫師的國家，而近 10 年到 15 年間，由於小動物復建醫學的蓬勃發展，臺灣、香港、新加坡的獸醫師也開始積極提升自我，希望能帶給小動物更好的醫療環境。

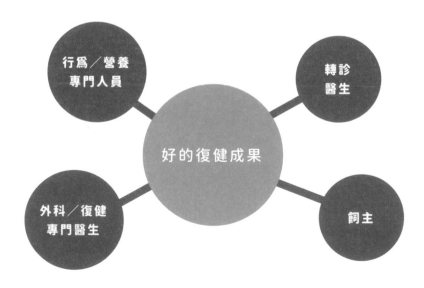

表 0-2：好的復健成果仰賴外科／復健專門醫師、飼主、轉診醫師及行為專門人員的團隊共同合作。

飼主 + 臨床獸醫師＋復健獸醫師：
妥善配合才能達到良好的成果

小動物復健醫學在歐美國家已發展近 20 年的時間，臺灣地區大約是近 3 至 5 年內開始快速發展。復健醫學比起其他科別而言，最主要的特點是更需要團隊合作。不僅需要獸醫師的診斷與進行治療，非常重要的是，飼主們也需要配合：居家環境控制、飲食營養調整，以及持之以恆的居家復健，缺一不可。

▌ 關於「小動物復健獸醫師」

在美國，小動物復健治療是**專業的醫療行為**，受到法律嚴格規範，必須是領有獸醫師執照的獸醫師、有獸醫物理治療認證的獸醫助理，或有小動物物理治療認證的物理治療師，才能合法為小動物進行復健治療。

由以上規定可以知道，小動物復健師必須非常了解動物的解剖學、生理學以及相關的疾病學，才能透過檢查和完整的評估來進行診斷，再依據診斷，制定適當的復健治療計畫並評估預後，如此才構成完整的「復健治療」。

需要強調的是，人跟小動物復健最大的不同在於，人們可用語言完整敘述及溝通，幫助治療師調整治療決策；但小動物無法透過語言溝通，所以完整的觀察及評估就變得格外重要！因此，只有受過完

整訓練的專業人員，才能在安全適當的操作下，進行完整的評估以及復健治療。

在臺灣，由於法律規定並沒有與時俱進，目前仍然只有獸醫師能夠「合法」為小動物進行復健治療。若有復健需求，還是建議尋找具有相關資歷跟訓練的獸醫師，才能得到比較安全、合宜的建議。

犬隻復健認證 CCRP 或 CCRT

目前國際認證的復健師資格，主要以下列兩個單位為主：CCRP 與 CCRT。

CCRP

犬隻復健認證計畫(Canine certificate rehabilitation practitioner)，由美國田納西大學獸醫學院所設立。

CCRT

犬隻復健認證治療師(Certified canine rehabilitation therapist)，是位於美國的 **CRI 犬隻復健機構(Canine Rehabilitation Institute)** 所創立的認證資格。

這兩個單位旨在宣導正確的小動物復健知識，同時也針對小動物復健有深厚興趣的獸醫師、物理治療師、職能治療師及獸醫助理提供不同的訓練認證課程，協助其成為一個國際認證的小動物復健師。

圖 0-1：美國犬隻臨床復健師認證
（CCRP）。

圖 0-2：美國犬復健訓練機構
（CRI，CCRT 認證）。

透過官方網站，可查詢所屬地區是否有認證

資格的復健師：

CCRP：

CCRT：

狗狗與貓咪的復健治療

狗狗和貓咪需要復健治療嗎？這是我們在臨床上最常被主人問到的問題之一，甚至許多獸醫師也有同樣的疑問。簡單來說，小動物的復健目的，在於維持或重建受傷肢體的功能性，以維持良好生活品質為目標。復健治療和外科手術從來都是密不可分的，正確而良好的復健可以有效縮短術後的復原期，且避免肌肉萎縮、關節僵化等手術併發症的發生機率。

▍ 小動物復健的內容

和人類一樣，小動物復健的內容主要有 4 個部分：物理療法、徒手療法、運動治療和水療。

👣 物理療法：
指冷熱治療、治療性高音波、電療、治療性雷射及體外震波等。

👣 徒手療法：
一般指不需其他輔助器材的治療方式，如肌肉按摩、被動關節活動、拉筋或關節鬆動術等。

👣 運動治療：
藉由簡單的輔助器材或人為引導的方式，讓狗狗自主性進行目標肢體或關節活動，例如：引導散步、起立坐下到跨欄訓練及平衡板、瑜珈球應用等。

水療：

利用水的特性，讓狗狗能在負重減輕的狀態下，強化關節活動的
幅度以肢體肌群的維持，常見的方式是游泳或水中走步機。

▍ 復健處方

獸醫師依據疾病的診斷跟評估，會列出一份簡單的「復健處方」，針
對不同復健目的，來進行治療。在醫院可以直接透過復健儀器的輔
助（如雷射治療、超音波治療、電療、震波治療及水療等）。在不
同的治療階段中，復健也可能是生活的一部分，因此在醫師指示
下，進行「居家復健」扮演著不可或缺的角色。

▍ 常見的小動物復健治療適應症

復健治療在人的應用中非常廣泛，但是在小動物身上，目前僅止於
物理治療。早期外科醫療觀念中，多數認為完成手術、傷口癒合後，
療程即結束，但隨著小動物醫療觀念的進步，完善的骨外科治療應
包含整體的復健療程，由專業的復健獸醫師接續術後療程，直到患
部功能恢復或最佳化，才算是完成。當然，除了骨外科手術及神經
外科手術後需要復健，退化性的神經疾病、退化性骨關節疾病及肌
肉病變，都可以倚靠正確的復健治療來幫助改善。

1

認識狗貓的
運動器官與運作

為什麼認識狗貓的運動器官與運作如此重要？

因為當毛孩們身體出現狀況時，牠們自己並不會說話，因此飼主必須向醫師正確描述牠們的症狀，幫助醫師做出更準確的判斷。

同時，本章節旨在以簡單的方式呈現大家都可以理解的解剖學，幫助我們有系統的了解小動物的身體結構，同時建立一個共通語言，讓飼主能夠理解獸醫師的診斷。

大家都可以理解的解剖學

重要的骨骼肌肉關節

講到解剖學，聽起來就非常有距離，但其實這只是幫助我們，有系統的了解我們自己或動物身體結構的一門學問。同時建立一個共通語言，讓我們能透過描述，讓第三方精準理解我們所敘述的部位是哪邊。

———————

這邊會盡量用簡單的方式，讓讀者可以理解後續章節提到的解剖構造及位置，目的是透過簡單的圖跟描述，讓大家理解獸醫師的診斷，而不是自己進行診斷喔！

▌描述外觀

外觀的描述非常重要，因爲這是診斷的第一步，透過圖 1-1-1 與圖 1-1-2，可以給大家一些概念。我們在描述狗

圖 1-1-1：狗的正面及尾側面。

狗跟貓咪的左右、前後時，要想像自己是動物本身。當我們呈現一樣的姿勢時，是那一個肢體不舒服，就能非常精確的描述位置。例如當狗狗呈現如左圖的姿勢時，正確敘述應為：「狗狗的右前肢無法著地」或「狗狗的右前腳不舒服」。

圖 1-1-2：狗抬右前腳。

接著要重點留意的是，圖 1-1-1、圖 1-1-3 中的關節位置，其實跟一般大眾想像的可能不太一樣。平時，狗狗跟貓咪站立與走路的狀態，其實是像人類趴著時抬起手掌跟腳掌，且只有手指頭跟腳趾頭著地，所以有的時候，一般大眾容易將「狗貓的腳跟」誤會為牠們的膝蓋。這個部分需要特別注意。

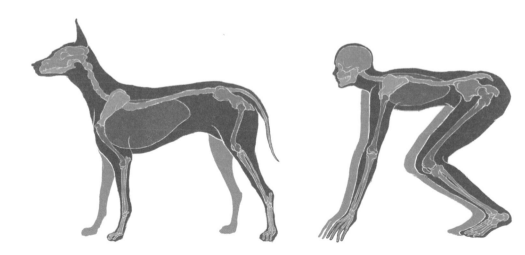

圖 1-1-3：人跟狗狗的側面圖。

▍描述骨骼

骨骼結構可以分爲中軸骨以及四肢骨。

🐾 中軸骨

包括頭骨、脊椎骨（頸椎、胸椎、腰椎、薦椎以及尾椎）、肋骨
和胸骨等。

🐾 四肢骨

前肢的肩胛骨、肱骨、橈尺骨、腕骨、掌骨和指骨；後肢則有骨
盆骨、股骨、脛腓骨、跗骨、蹠骨和趾骨。

狗跟貓咪的頸椎、胸椎和腰椎的數量是一樣的，都是 7-13-7，人的
則是 7-12-5。比較有趣的地方是，前肢橈尺骨的排列方式，人是左
右橫向排列（橈內尺外），貓咪和狗狗則是前後縱向排列（橈前尺
後）。這是因爲狗狗和貓咪的前肢，是主要承受重量的肢體。這樣
的排列，能夠幫助狗狗跟貓咪的前肢，能夠承受較多的重量。

圖 1-1-4：狗的側面骨頭示意圖。

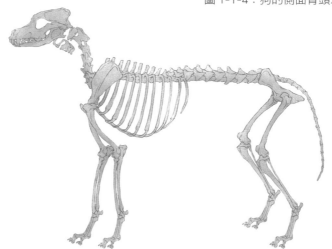

▌ 描述肌肉

狗狗跟貓咪的肌群和人一樣多而複雜，這邊僅介紹幾個比較重要的大肌群，讓大家認識一下。

前肢部分

前肢最重要的伸肌群，非肱三頭肌莫屬了，其他重要的肌肉包括肱二頭肌、肩胛脊上肌和肩胛脊下肌等。在臨床觸診時，這些肌肉群，常常是我們用來評估前肢功能是否使用正常的主要肌群，而每一個肌肉的萎縮都代表了不同的意義。

後肢部分

後肢的部分，除了認識主導髖關節伸展的臀肌和股四頭肌外，後大腿肌群也主導著後腳運動功能的強度！在臺灣，貓咪和狗狗常常都有先天或後天骨科的問題，且多數影響在後肢，如稍候會提及的膝蓋骨異位問題或股骨頭缺血性壞死等問題，都會影響後肢的使用狀況。很多時候，因爲不是急性的疼痛症狀，所以容易被

圖 1-1-5：狗的肌肉示意圖。

忽略。但在臨床觸診檢查評估時，就可以發現這些重要肌群的不等程度萎縮變化。

相對於人而言，狗狗跟貓咪都是四肢站立的動物。根據研究顯示，60％的身體重量支撐工作都落在前肢，因此不難發現體重較重的狗狗，前肢伸肌群會相對發達！

▌ 描述關節

關節是連接骨頭與骨頭的運動單位，可以分為不動關節、少動關節和可動關節。這邊提到的關節是以可動關節為主，簡單的關節構造包括關節軟骨、滑液囊液、關節囊、周邊韌帶和肌群等。

✦ 髖關節

是一個球碗相結合的一個構造。藉由圓韌帶、關節囊和周邊強健的肌群，將股骨頭和髖臼窩牢牢抓在一起，是提供後段身軀支撐的重要結構之一。在小動物中，常見的髖關節問題包括：髖關節脫臼、中大型犬的髖關節發育不良（HD）、小型犬的股骨頭缺

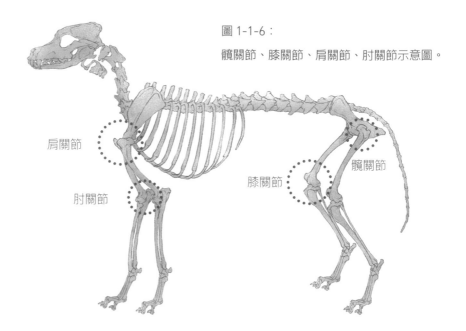

圖 1-1-6：
髖關節、膝關節、肩關節、肘關節示意圖。

肩關節

肘關節

膝關節

髖關節

血性壞死，或貓咪的股骨頭滑脫（SCFE）等。

膝關節

是一個相對複雜的關節。由全身最大的種子骨—膝蓋骨、股四頭肌肌腱、膝蓋骨韌帶、內外側韌帶、半月軟骨和前後十字韌帶所組成。

前十字韌帶，常常是造成狗狗後腳不適的原因之一。另外在小型犬中尤其重要的，就是膝蓋骨內側異位的問題，這樣的問題常常造成膝關節不穩定，短時間內通常不會有太顯性的急性疼痛，所以常常被忽略，進而導致後續的前十字韌帶斷裂，或不等程度的骨關節炎等併發症，造成不可逆的結構性改變。

肩關節

內部沒有穩定關節的韌帶構造，僅具內外側韌帶和關節囊，因此需靠周邊強健的肌群和肌腱來幫助穩定肩膀的構造，例如旋轉肌群。在小動物的肩關節問題中，最常見的有肩關節內側不穩定（MSI）、肱二頭肌肌腱炎、骨軟骨病（OCD）或骨關節炎等。

肘關節

由橈尺骨排列形成滑軌構造，緊密接在肱骨遠端活動，並藉由內外強健的側韌帶、關節囊和周邊肌群，讓關節能夠穩固地活動。如前文所說，狗跟貓的橈尺骨排列是前後排列：橈骨在前，尺骨在後。而橈骨大約支撐整體前肢的 80% 重量，因此，多數前肢骨折的修復是僅以橈骨為主。肘關節發育不全則是肘關節最常見的問題，是一個多病因的疾病，其中包括了冠狀突斷裂（FCP）、鷹嘴突癒合不良（UAP）以及剝離性骨軟骨病（OCD）等。

神經系統

負責運動的中心

—— 個看似簡單的走路或者握手動作，其實包含了非常複雜的生物及生化過程，牽涉到腦神經、脊神經、骨骼、關節和肌肉，有這些構造的系統性配合，才能夠幫助我們流暢地完成再日常不過的活動。

———

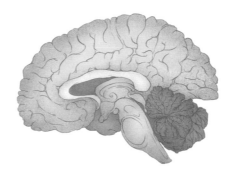

圖 1-2-1：腦簡易解剖示意。

腦神經 Cranial nerve

簡單以功能來區分腦的結構，可以分成大腦、小腦以及腦幹。整個腦神經可以說是一個精密的網路，各個結構都各司其職，大腦就像控制台，負責發號施令，主導狗狗貓咪的行為、精細動作、視覺、聽覺，以及本體感覺、痛覺，還有對溫度的感覺等。小腦負責傳遞運動的訊號到身體各處，主導肌肉運動的統整、精細動作的控制、整體運動的速度和力量等，可以說是啟動身體動作跟協調各部位活動的重要器官。腦幹則是生命中樞，主導了狗狗貓咪的呼吸系統、心血管系統以及精神意識等。

接下來，帶大家簡單扼要地認識一下 12 對腦神經。

狗貓的腦神經系統和人其實差不多，共有 12 對腦神經。分別是：
① 嗅神經、② 視神經、③ 動眼神經、④ 滑車神經、⑤ 三叉神經、⑥ 外旋神經、⑦ 顏面神經、⑧ 聽神經、⑨ 舌咽神經、⑩ 迷走神經、⑪ 副神經以及 ⑫ 舌下神經。

這些腦神經又可以區分成感覺神經、運動神經以及兩者兼具的混合神經 3 類，其中感覺神經包括：① 嗅神經、② 視神經、⑧ 聽神經；運動神經包括：③ 動眼神經、④ 滑車神經、⑥ 外旋神經、⑪ 副神經、⑫ 舌下神經；混和神經則涵蓋：⑤ 三叉神經、⑦ 顏面神經、⑨ 舌咽神經、⑩ 迷走神經。

我們可以參考可愛貓咪圖，了解 12 對腦神經的分布及其功能。

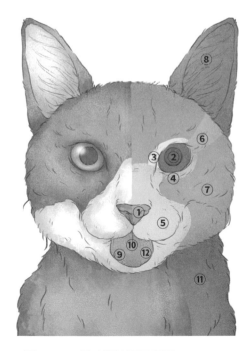

① 嗅神經 S
② 視神經 S
③ 動眼神經 M
④ 滑車神經 M
⑤ 三叉神經 MX
⑥ 外旋神經 M
⑦ 顏面神經 MX
⑧ 聽神經 S
⑨ 舌咽神經 MX
⑩ 迷走神經 MX
⑪ 副神經 M
⑫ 舌下神經 M

圖 1-2-2：貓咪腦神經示意圖。

S 感覺神經　M 運動神經
MX 混合神經

腦神經的神經學檢查，牽涉到許多更複雜的結構及途徑，幫助臨床獸醫師釐清行動上的異常是否伴隨著腦神經問題。 這邊分享作者念書時常用的口訣，幫助大家記憶一下。

**"一嗅二視三動眼　四滑五三六外旋
七顏八聽九舌咽　十迷一副二舌下"**

對於大腦結構以及腦神經的認識，主要是幫助我們釐清各個腦神經學檢查的意義，並藉由腦神經學檢查的測試，協助獸醫師定位出可能造成問題的病灶在哪裡，進而推斷可能較常發生在特定區域的疾病是什麼，也能夠更精確地進行進階的影像學檢查。找出問題後，進行後續的治療。

▋ 常見的腦神經異常症狀

大腦的異常
認知或行為改變、歪頭或不停繞圈等。

小腦的異常
共濟失調（Cerebella ataxia），四肢力量呈現正常或增加，或發生意向性顫抖（Intension tremor）等。

圖 1-2-3：狗狗歪頭。

這些可能的腦神經症狀，只是告訴我們狗狗貓咪的腦部出現問題，而造成問題的可能原因非常多，因此一般建議諮詢神經專科獸醫師，進行必要的神經學檢查以及影像學檢查，來釐清可能造成問題的原因，才能精確地進行有效的治療。

脊髓 Spinal cord

脊髓位於脊椎管內，起源於枕骨大孔，延伸至第六腰椎（狗）、第七腰椎（貓）。複習一下上一章節介紹過的：狗貓及多數哺乳類的脊椎可分為 7 個頸椎、13 個胸椎、7 個腰椎、3 個薦椎（薦椎的椎體及突起癒合為一）及尾椎（尾椎數量不一，狗平均為 20 個）。脊椎指的是骨頭，而在脊椎中的主要孔洞稱為椎孔，數個脊椎的椎孔連結起來就形成脊椎管，而脊髓就位於當中。

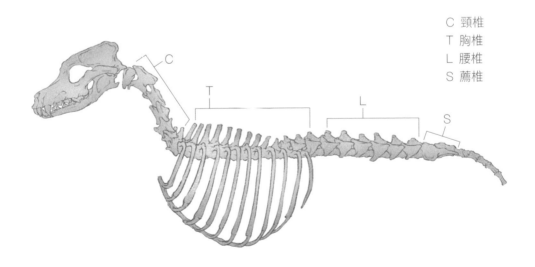

C 頸椎
T 胸椎
L 腰椎
S 薦椎

圖 1-2-4：
狗的脊椎全圖（狗的脊椎數目為：C7、T13、L7、S3、Cd20）。

狗貓的脊髓分成幾個脊髓節，分別為 8 個頸脊髓節、13 個胸脊髓節、7 個腰脊髓節、3 個薦脊髓節，及至少 2 個尾脊髓節。脊髓會在椎管內往後走，並從椎間孔離開，系統性地支配身體的神經支配。就診時，獸醫師所進行的神經學檢查，能幫助進行初步的病灶定位，主要也是根據脊髓節，而不是脊椎。

脊髓節段主要分成四大區域：

a. C1 - C5
頸椎脊髓節段

b. C6 - T2
頸胸椎脊髓節段

c. T3 - L3
胸腰椎脊髓節段

d. L4 - S3
腰薦椎脊髓節段

神經學檢查能初步判斷病灶位於哪一個區域，當進行進階的影像學檢查，如電腦斷層或核磁共振時，能更快幫助判斷正確病灶位置。

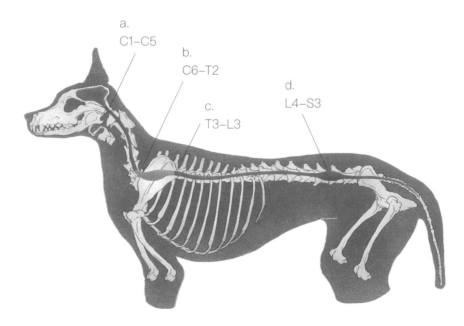

圖 1-2-5： 狗的脊髓節段主要分成四大區域。

▌ 為什麼椎間盤疾病時，痛覺反應會最後才消失？

我們來談談脊髓的解剖構造。

從圖 1-2-6 中，可以看到脊髓內有個像蝴蝶樣或 H 型的構造，稱為灰質，外層為白質。

當脊髓受到外在壓迫時，會造成不同程度的臨床症狀，而這些症狀的差異及主要壓迫的位置、範圍以及造成壓迫的原因，從圖 1-2-6 可以知道：

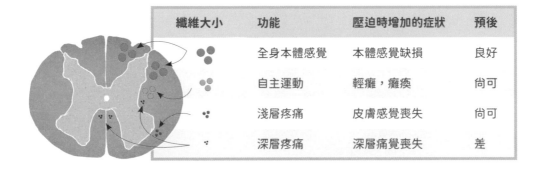

纖維大小	功能	壓迫時增加的症狀	預後
	全身本體感覺	本體感覺缺損	良好
	自主運動	輕癱，癱瘓	尚可
	淺層疼痛	皮膚感覺喪失	尚可
	深層疼痛	深層痛覺喪失	差

圖 1-2-6：
以狗的胸椎脊髓剖面，可見神經纖維負責的功能分佈，當壓迫的位置不同，就會造成不等程度的臨床症狀。

居家跛行評分及常見跛行姿勢步態

看到狗狗出現跛行，就診前能做些什麼呢？毛孩們不會講話，向醫師正確描述狗狗的症狀很重要，能夠幫助醫師做出更準確的診斷。

────────

獸醫師看診之前，會根據飼主的描述，先思考狗狗究竟發生了什麼事？印象很深刻的一次經驗是：飼主約診時描述「狗狗好像右腳不舒服，所以走路有點跛腳。」

這時浮現在獸醫師腦中想像的的畫面是狗狗右後腳抬起，懷疑的診斷可能有膝蓋骨內側異位、十字韌帶或髖關節問題。但當狗狗實際出現在診間就診時，獸醫師檢查結果卻是左前肢的問題。這才發現，原來飼主把狗狗的左右側混淆了，另外，對飼主而言，四肢都是腳，描述上就會跟獸醫師的認知有落差。首先，我們回想並觀察一下：

STEP 1

狗狗在出現跛行之前，是不是曾經有受過外傷？

STEP 2

記錄跛行發生的時間及觀察到的次數，如果可以，請記得用手機錄下影像。

STEP 3

狗狗是哪一腳發生跛行？發生跛行時的情況，可由以下評分標準協助判斷。

狗狗的正常步態是這樣！

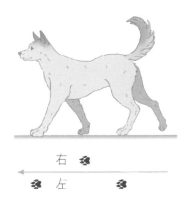

右 🐾

左 🐾　　🐾

▌ Walk 慢走

Walk 的描述重點在於，單次只有一隻腳離開地面。所以走路的順序是：右後、右前、左後、左前。

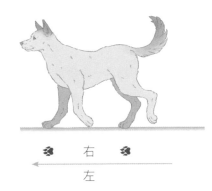

🐾 右 🐾

左

▌ Pace 快走

速度再快些就進入 Pace。在這個階段的步態，看起來就是同手同腳，也就是說，同側的前後腳會同時離地跟著地。右後右前、左後左前。

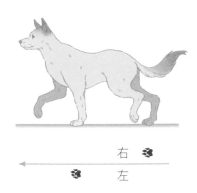

右 🐾

左

▌ Trot 小跑

快走再加點速度就會進入 Trot。這個階段的步態跟快走最大的區別在於，對側的前後腳會同時離地，也就是右後左前、左後右前。

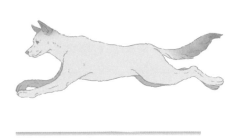

右

🐾 左

▌ Run 快跑

Run 可以說是全速奔跑，比較不一樣的地方在於，前後腳離地的同時會產生交叉。

41

居家跛行評分及常見跛行姿勢步態

正確描述病史

- 是否為第一次發生？先前有無創傷或重大疾病的記錄？
- 是否有正在治療的疾病？
- 什麼時候出現症狀？以及症狀出現的次數？
- 是否都發生在同一隻腳？還是不同位置呢？
- 是否有明顯疼痛不舒服或起身困難的反應？

姿勢與步態

- 四肢站立時，可見一隻腳明顯縮起？
- 當行走、或快走或跑步時才出現跛行呢？
- 跛行時，是否把身體的重心移至另一側？
- 行走時，好像喝醉一樣，後腳會歪來扭去？或是呈交叉姿勢？
- 行走時，狗狗呈現腳背拖行地面？
- 是否有拱背的情況？

圖 1-3-1：

狗狗的正常站姿，四肢重心平均立於地面。

圖 1-3-2：狗狗的左後腳縮起。

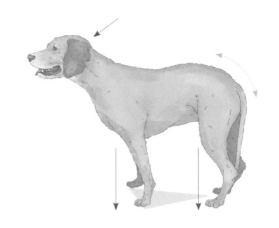

圖 1-3-4：狗狗的重心移動示意。

可以看到狗狗重心向前，主要變成三腳站立，呈現三角重心站姿。

圖 1-3-3：狗狗左後腳背拖行。

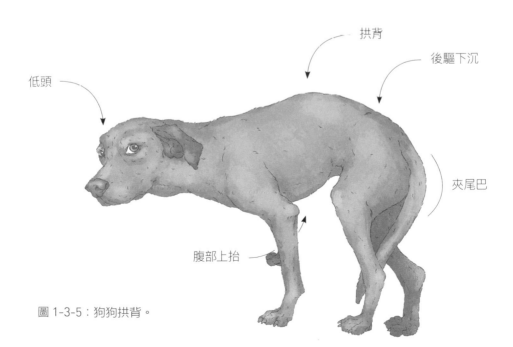

拱背

後驅下沉

低頭

夾尾巴

腹部上抬

圖 1-3-5：狗狗拱背。

常見的跛行步態

坐姿三七步 Sit test

正常狗狗的坐姿多數都是雙腳對稱性的縮著，所以當膝關節彎曲會感到痠痛不舒服時，狗狗下意識就會呈現坐下時，腳伸直的姿勢！而在臨床上最常見的膝關節疾病，就是前十字韌帶的問題，藉由影像及骨科理學檢查，或者關節鏡可以確診。因此，如果發現狗狗常常坐姿三七步，可能表示狗狗膝關節有潛在的不舒服，必須多注意。

圖 1-3-6：

狗狗異常的三七步坐姿。

走路像兔子跳跳跳 Bunny jump

如果時常出現這樣的步態，或者一直都呈現這樣的步態，表示狗狗行走或跑步時，後腳在承受重量的情況下，有不等程度的疼痛或不舒服。而臨床上最常呈現這樣步態的問題是髖關節發育不全。因此，年輕的中大型犬如果走路常常像兔子一樣跳跳跳，建議要做早期的篩檢，確認有無髖關節問題。

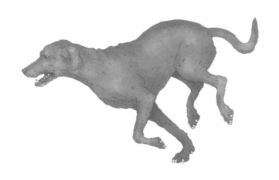

圖 1-3-7：

狗狗走路或奔跑時像跳躍的兔子一樣，兩隻後腳同步縮起。

走路點頭好可愛？ Head bobbing

正常的狗狗走路，應該是雄赳赳、抬頭挺胸的，因此如果狗狗在行走或小跑時，發現有點頭如搗蒜的情況，可能表示狗狗的前肢出了狀況。在臨床上，其實前肢跛行的診斷是最為困難的，尤其是初期輕微跛行的時候，因為症狀不明顯，所以家長不容易發現。

另外，很多時候，真的有問題的一側，往往不是主人觀察到的那一側，所以詳細的檢查跟診斷是非常重要的。前肢是狗狗承受體重最主要的部位，佔整體的 60%，所以早期發現異常、早期診斷及治療，可以維持較良好的肢體功能及生活品質。

走路小碎步，很優雅？ Walking on eggshells

優雅行走的背後意義其實非常不單純，通常代表狗狗在行走時，可能有多個關節不舒服，導致活動時無法正常邁開步伐。而多發性關節炎通常都有潛在性的病因，除了一般性的骨科理學檢查、影像學檢查之外，必須同時確認是否有感染或免疫性的問題。

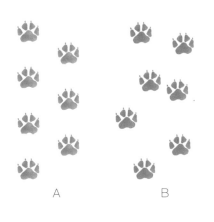

圖 1-3-8： A - 正常步態軌跡；
B - 異常步態軌跡。

步態不協調 Ataxia

在臨床上我們常形容這樣的步態叫「共濟失調」。通常狗狗同時有後腳拖行、無力，或是如喝醉酒般走路搖搖晃晃的樣子，這樣的步態多數屬於神經性問題。但在某些骨科疾病的情況下，我們也會發現狗狗有類似的步

態，像是狗狗雙側前十字韌帶斷裂，臨床上可能就會表現出類似的步態。因此，完整的骨科理學檢查評估的同時，也必須檢測基本的神經學檢查是否有任何異常，避免混淆疾病的診斷，導致無法做出最有效率的治療。

▎ 如何正確記錄影像

在一段距離內，讓狗狗來回活動
進行觀察，分別從狗狗的正面及
側面各錄一段影像。

圖 1-3-9：從狗的側面
拍攝走路及小跑。

當跛行不明顯時，可讓狗狗在原地重複起立、坐下[1] 的動作幾次後，再進行影像記錄。

圖 1-3-10：從狗的正後方及正前方，拍攝走路與小跑。

---

1. Sit test：正常狗狗的坐姿，多數都是雙腳對稱性的縮著，可藉由狗狗的坐姿，看是否有不正常的膝伸直情形，如前面提到的坐姿三七步。

▌簡易跛行評分

👣 STEP 1

先觀察狗狗靜止時，四肢腳掌是否都有接觸地面？

👣 STEP 2

在平坦且不滑的地面上，以牽繩拉著狗狗，用一般行走（walk）
的速度行走，觀察看看狗狗是否有跛行情況？

👣 STEP 3

重複第二的步驟，但試著加快速度，讓狗狗以小跑步（pace/
trot）的速度行走。

👣 STEP 4

進行第二及第三的步驟時，同時也錄下影像紀錄。

表 1-3-1：簡易跛行評分表。

	一般步行 walk	快走 pace / 小跑步 trot
0	正常	正常
1	輕微跛行	輕微跛行
2	負重 * 時明顯跛行	負重時明顯跛行
3	負重時嚴重跛行	負重時嚴重跛行
4	間歇性不負重 * 的跛行	間歇性不負重的跛行
5	連續性不負重的跛行	連續性不負重的跛行

* 負重：腳掌完全接觸地面 / 不負重：腳懸空

以上這些記錄方式較爲繁瑣，但除了能提供給獸醫師良好足夠的資訊、協助診斷之外，也能幫助家長們檢視，家中的毛小孩是否出現了立即需要就診進行處理的情況。試著用以上的方式做記錄，能讓毛孩的就診過程更爲順利。

很多時候，骨關節或神經問題的早期發現，必須仰賴主人每天的觀察。在跛行指數較低、問題較輕微的時候發現並就診，能夠幫狗狗或貓咪把握最佳的治療時間，同時也避免不可逆的一些病況產生。所以希望藉由這邊簡單的介紹，幫助大家更詳細觀察這些無法說話的家人，從日常活動接收牠們傳達的身體訊息，而不會單純只是認爲一切都是正常老化的現象。

NOTE

. . . .

2

狗貓常見的
跛行原因

狗貓的跛行除了影響動物本身的活動能力外，也會
影響毛孩和飼主的生活品質，甚至有研究提出，當
有嚴重跛行的情況下，也會影響毛孩的平均壽命長
短，因此，了解及認識常見造成狗貓跛行的原因，
就變得相當重要了！

前肢跛行：幼犬（未滿一歲）

狗狗也有生長痛？認識犬骨炎

幼犬的骨科問題常常是最令人頭痛的，因爲骨頭正在成長，骨頭骨化的程度和成犬非常不一樣，一次性的影像檢查能提供的資訊往往很有限。臨床上，我們需要主人能夠理解，爲什麼每隔幾週就要去監控影像學的變化，才能協助釐清問題。

———

狗狗的全骨炎，俗稱爲「生長痛」，好發於大型幼犬，尤其是生長快速的大型、巨型犬種。在沒有任何外傷或激烈運動的情況下，狗狗突然就會出現嚴重跛行的症狀，而且輪流發生在不同位置，這就有可能是生長痛哦！

圖 2-1-1：哭泣的幼犬。

▍狗狗的「全骨炎」是什麼呢？

全骨炎（Panosteitis，簡寫 Pano），主要發生於幼年犬。狗狗的四肢長骨因骨髓內發炎造成骨頭表面變化，進而產生疼痛，且發生在不只一個位置上，一下前腳痛，一下後腳跛，也稱為「轉移性四肢跛行」。所有的四肢長骨（見下圖）都可能發生這樣的問題，所以稱為全骨炎。至目前為止，造成全骨炎的原因不明，但基因、壓力、感染、代謝或自體免疫的疾病等，都可能影響疾病發生。

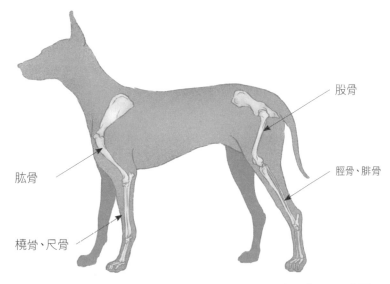

股骨

脛骨、腓骨

肱骨

橈骨、尺骨

圖 2-1-2：狗的四肢長骨示意圖。

▍什麼樣的狗狗會有生長痛問題？

出現症狀的年齡，介於 5 月齡至 14 月齡之間，但 5 歲前都仍可能發病。大型、生長快速的幼犬與中大型犬，如德國狼犬、黃金獵犬、拉不拉多、羅威納犬、伯恩山犬、大丹犬、米克斯犬等，皆為好發品種，小型犬如雪納瑞犬也偶爾會見到，但其實所有犬種都可能會得到這個疾病。特別是體重超過 23kg 的幼犬，相較於體重 23kg 以下的，發

生率更高達 3 倍(母)至 5 倍(公)。

▌ 會看到什麼樣的症狀？

狗狗可能出現發燒、體重減輕、精神食慾突然下降等症狀，其中最常見的是突發性疼痛，進而出現跛行的症狀，而且不只在一隻腳的位置上，可能一下嚴重跛行、一下又突然好轉，現在前腳跛，等等變後腳跛。有時跛行症狀可能出現幾天，有時更會長達 3 週。

▌ 該如何診斷？

最重要的是骨科學檢查，以確認疼痛的來源及位置。當獸醫師在觸診發炎的骨頭時，狗狗會出現明顯的疼痛反應。另外，配合 X 光片拍攝，可能看到骨頭表面出現發炎變化。但主人要知道的是，跛行嚴重的程度，可能跟 X 光片的變化不一致。意思是說，可能 X 光片顯示出的發炎變化影像並不嚴重，但狗狗的疼痛反應卻很明顯，所以需要間隔 2 週後再重複拍攝 X 光片，以確認骨頭及周邊組織變化的程度。

正確診斷全骨炎是非常重要的！患病的狗狗在服用止痛藥時症狀會改善，但停藥後症狀又會開始，加上在觸診時會有劇烈的疼痛。在臨床上曾經遇過年輕幼犬罹患全骨炎，但被誤診斷為骨癌，差點在他院被截肢、甚至面臨安樂死的情況。好險後來在配合狗狗的年紀、品種、創傷病史有無、骨科學檢查及幾週的 X 光片拍攝結果確認後，才保住了狗狗一命。

全骨炎為自癒性疾病，隨著年紀增長，發病週期會越來越短，症狀也會越來越輕微；假使發病週期超過 3 週以上，或症狀變得更為嚴重，則要考慮其他疾病的可能性。

▍治療方式有哪些？

基本上，全骨炎是不需要治療的。幼年出現症狀的狗狗，達 2 歲齡時疾病會自然痊癒。但在發病期間，可能有明顯的疼痛反應，只要適當給予止痛藥物，可緩解反覆出現的疼痛。主人要嚴格做好環境控管，限制狗狗活動，不能激烈跑跳及長時間散步，這樣對症狀及疾病控制，都有很大的幫助。

▍有什麼方式能夠預防全骨炎？

目前市售符合 AFFCO 以及 FEDIAF 營養需求標準的商品糧，皆可以提供正常幼犬的營養所需。要特別提醒的事情是，額外鈣質的補充是**不必要也不可以**的！若導致鈣的攝取量過多，會造成營養不均衡、體內的鈣磷失衡，就可能誘發更多不必要的問題。因此，維持良好精瘦的體態，不要讓狗狗體重過重，或增長速度過快，都能幫助預防全骨炎的發生。

全骨炎是一個自癒性的疾病，意思是就算不做任何的治療，這個疾病也會痊癒。但發病時狗狗的疼痛是很劇烈的，蠻容易被誤診為癌症，所以尋求專業醫師進行正確的診斷是非常重要的！

前肢好痛痛？認識肘關節發育不良

肘關節發育不良，這個病名對大家來說或許相對陌生，但在臨床上並不是少見的疾病。感覺陌生的原因可能有幾個。第一個是這個疾病的診斷，常需要使用到電腦斷層或關節鏡。而在過去，這些設備並不普遍，所以經常被忽略掉。

第二個原因，在於一般獸醫師對於這個疾病的認知程度。由於過去臺灣動物醫院多為家醫科，很多獸醫師對於這類骨科疾病的認知不多，所以診斷率不高。近年專門科別的動物醫院慢慢成立，檢驗設備也跟著進步，因此，早期診斷出肘關節發育不全的機率增加，對於可能患病的動物無疑是一項福音。

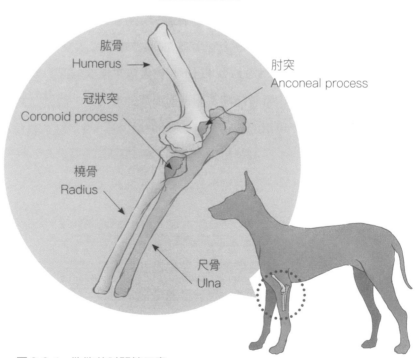

圖 2-2-1：狗狗的肘關節示意。

肘關節是由橈尺骨與肱骨之間的 3 個滑液關節所組成，包含有肱橈、肱尺及近端橈尺關節。其中，肱橈關節為主要承擔重量的關節，肱尺關節將肱關節活動限制於縱切面，橈尺關節則負責肘關節內外旋的活動。

1993 年，國際肘關節工作團隊（IEWG, International Elbow Working Group）將因內側腔室疾病（如：冠狀突斷裂 FCP、剝離性骨軟骨病 OCD、關節不協調及軟骨異常）和鷹嘴突癒合不良（UAP, United anconeal process），所造成的肘關節發育異常、關節不協調的情形，定義為遺傳性的肘關節發育不良（Elbow dysplasia）。除了以上疾病之外，創傷也可能造成肘關節中的軟骨或橈尺骨生長速度不一致，使得關節面不協調。斷裂的骨頭或軟骨碎片，會造成關節面不平整，使得關節在活動時，產生疼痛、不舒服的感覺。

肘關節發育不良會使肘關節在活動過程中產生軟骨磨損，長期下來會造成退化性關節炎，導致關節疼痛或更嚴重的關節功能減低或喪失。

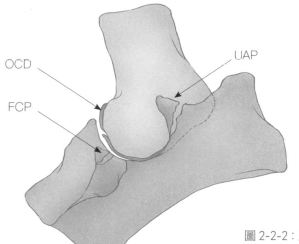

OCD

FCP

UAP

FCP (Fragmented coronoid process)
冠狀突斷裂

OCD (Osteochondritis dissecans)
剝離性骨軟骨病

UAP (Ununited anconeal process)
鷹嘴突癒合不良

圖 2-2-2：肘關節發育不良的位置示意。

▋ 爲什麼會有肘關節發育不良？

造成肘關節發育不良的原因還不清楚，目前認爲是多因素的疾病，如創傷、基因、運動強度、運動時機、成長期的飲食配方，或軟骨生長時有缺陷等，都可能造成肘關節發育不良。

▋ 什麼樣的狗狗容易有這樣的疾病？

最常見於大型或巨型的犬種，尤其是拉不拉多獵犬、德國狼犬、伯恩山犬、羅威納犬、鬆獅犬等等。根據統計，大約有 17% 的拉不拉多獵犬、70% 的伯恩山犬都患有這樣的疾病。整體好發率最高的則爲鬆獅犬。

▋ 會看到什麼樣的症狀呢？

最主要的是前肢跛行，之後爲漸進性的骨關節炎，導致疼痛及功能性減低或喪失。最早可在 3 至 5 月齡時就看到明顯症狀，少數在 4 至 6 歲齡才出現症狀。

在所有的狗中，約有 35% 的狗狗，雙側前肢都患有這個疾病，但雙側都有問題時，反而跛行症狀不容易被發現。而狗狗的前肢佔整體負重的 60%，所以當前肢疼痛時，除了跛行，也可能見到重心轉移，狗狗會將重心移至後肢，呈現重心後壓的姿勢。

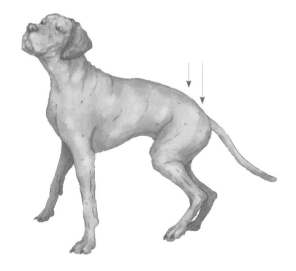

圖 2-2-3：狗狗的重心後壓示意。

[獸醫師的小叮嚀]

❶ 因肘關節發育不良所造成的跛行，在運動後症狀會更明顯，不會因休息就改善症狀。

❷ 前肢負重多，若不早期發現並進行治療，會導致後續不可逆的嚴重退化性骨關節炎，嚴重影響活動能力及生活品質。

▋ 該怎麼診斷與治療？

經由醫師做詳細的骨科學檢查、跛行評估及配合 X 光片的拍攝。在 X 光片底下如有明顯變化的，都代表已產生不等程度的骨關節炎，所以早期診斷需要仰賴進階的電腦斷層、核磁共振或是關節鏡的檢查，並依據嚴重程度來決定治療方式。

多數病例中，手術則為主要的治療方式，僅有少數非常輕微者可使用藥物控制，根據個別病患的肘關節問題，採用不同的手術方式。常見的有：經關節鏡將碎片取出、進行骨矯正手術、調整負重位置、截斷部分尺骨來重建關節協調性，比較嚴重時可能也需要進行肘關節置換手術。

▋ 術後及長期照顧該怎麼做？

一般在手術後仍需嚴格限制活動 2 至 6 週的時間。早期經由手術治療的狗狗，大部分預後不錯。但當已有骨關節炎產生，之後便是長期抗戰，目標是盡可能延緩骨關節炎的進程。

前肢跛行：幼犬（未滿一歲）

幼犬該不該運動呢？認識生長板骨折

在美國，有些繁殖業者會讓主人簽署飼養合約，規定直到幼犬生長板關閉之前，都不能出門運動。可能的理由是避免因創傷造成某些骨科疾病的發生，如常見的生長板骨折。這並不是一個很短的時間，然而，幼犬在生長板關閉前不能運動的邏輯是什麼呢？

在討論這個問題之前，我們首先需要知道，什麼是「生長板」？簡單來說，成長期的狗狗，必須靠骨頭內生長板的構造，來增加四肢的長度。

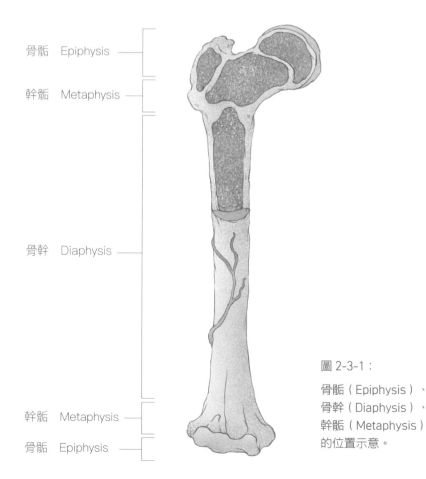

骨骺　Epiphysis

幹骺　Metaphysis

骨幹　Diaphysis

幹骺　Metaphysis

骨骺　Epiphysis

圖 2-3-1：

骨骺（Epiphysis）、
骨幹（Diaphysis）、
幹骺（Metaphysis）
的位置示意。

▋ 認識生長板

如圖 2-3-1，以四肢長骨為例，長骨兩端為骨骺（Epiphysis），與其他骨骼形成關節，長骨中央細長的部分為骨幹（Diaphysis），骨骺與骨幹之間的部位為幹骺（Metaphysis），幹骺中有使骨骼成長的骺板（Epiphyseal plate），也就是我們所稱的生長板（Growth plate）。

發育期間，生長板負責骨頭的生長，成年後生長板會關閉，骨頭停止生長。根據物種及體型大小的不同，生長板關閉的時間也不太一樣，玩具犬及小型犬生長板關閉的時間大約是 6 至 8 個月齡，大型或巨型犬則是 14 至 16 個月左右，而同一個體，不同骨頭的生長板關閉時間也略有差異。

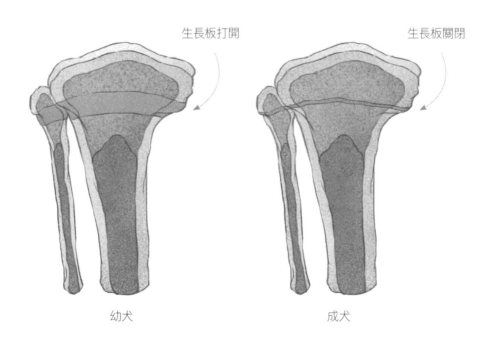

生長板打開　　　　　　　　　　　生長板關閉

幼犬　　　　　　　　　　　　　成犬

圖 2-3-2：生長板關閉示意圖。

▎ 什麼是生長板骨折？

幼年時期的運動控管，除了盡可能降低發育性骨科疾病的發生機率外，就是避免因創傷所造成的生長板骨折。根據 Salter-Harris 分類，可以分成 5 種不同的生長板骨折型態：

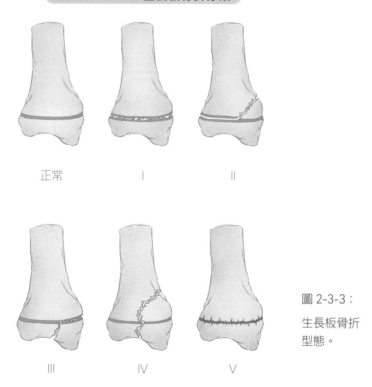

Salter-Harris 生長板骨折分類

正常　　　　　　Ⅰ　　　　　　Ⅱ

Ⅲ　　　　　　Ⅳ　　　　　　Ⅴ

圖 2-3-3：
生長板骨折
型態。

生長板骨折跟我們一般認知的骨折不太一樣，生長板的骨折會影響骨頭生長、造成生長停滯。如果幼年動物有創傷病史，而後出現跛行時，要特別注意生長板骨折的可能性。未及時進行手術的話，可能會造成動物成年後長短腿、骨變形、關節半脫臼或脫臼等問題。

由文獻資料可得出以下重點結論：第一，幼犬必須確認沒有任何髖關節問題（如髖關節發育不全）、肘關節問題（如肘關節發育不全）或任何剝離性骨軟骨病（OCD）等基因傾向；第二是外在環境的管理，建議幼犬維持良好體態、不能過重，成長期也不能補充過量的鈣；第三，則是必須避免進行高強度的運動（如從高處跳下或緊急折返跑等）。在這 3 個重要前提下，目前並沒有證據顯示正常運動會造成幼犬的生長板傷害。

相反的，慢跑或快走（例如跑步機），對於正常關節是有好處的。如研究所示，每天 1 小時的慢跑或快走對於關節軟骨是有助益的，但快速長距離的跑步則可能會對關節軟骨造成傷害。狗狗其實天性多數是活潑的，所以正常的活動、玩耍，實質上對於幼犬的肌肉、韌帶、肌腱、骨頭以及軟骨發育都有正向的幫助力，也能夠訓練幼犬的肢體協調性，所以幼犬能不能運動？在健康的前提下，正常活動當然是沒問題的。

下一頁分享 2 個可憐的未成年小狗腳痛案例。一個後腳痛、一個前腳痛，牠們都從大約桌子的高度摔下來（創傷），經過放射影像學診斷後，都是生長板骨折。從這 2 個例子可以再次佐證，「創傷」才是造成幼犬生長板受傷的主要因素。其實在這個時候，諮詢骨科專門的動物醫院是非常重要的，在沒有仔細觸診發現痛點或拍攝適當的 X 光片的情況下，問題很有可能就會被忽略掉，而錯失了最佳的治療時間。

7 個月大的混種犬，右後腳突發性跛行，脛骨前端按壓疼痛，X
光影像上可以看到左後腳（L）爲正常的生長板及骨頭的影像，
對照的右後腳（R）黃色箭頭處，可以看到分離的骨片。

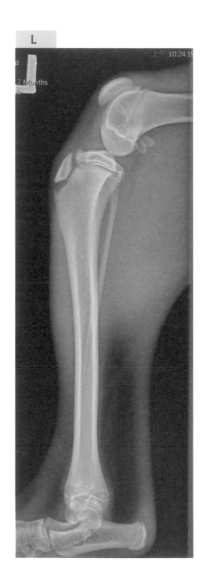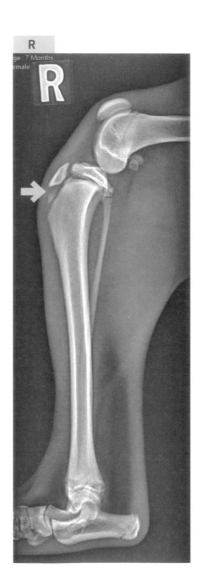

圖 2-3-4：**正常的**左後腳（L）、**生長板骨折的**右後腳（R）。

案例二

6 個月大的比特犬，左前腳突發性跛行，腕關節處略腫，X 光影像可以看到，右前腳前側橈骨生長板的正常相對位置，而左前肢橈骨前側生長板脫位，如黃色箭頭指示處，同時可以看到部分的碎骨片。

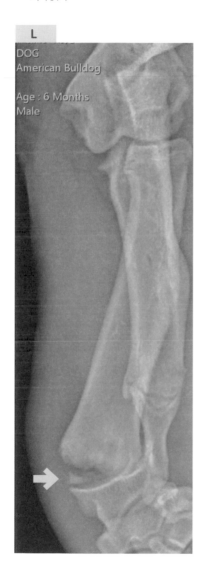
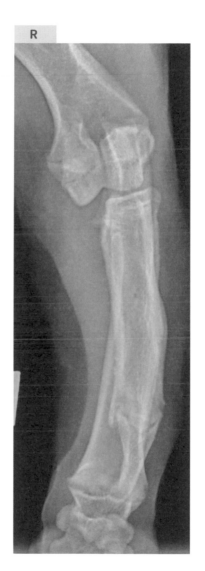

圖 2-3-5：**橈骨遠端生長板脫位的**左前腳（L）、**正常的**右前腳（R）。

X–ray 提供者：林哲宇獸醫師

前肢骨折：任何年紀

茶杯犬骨折，可以打石膏就好嗎？

在亞洲地區，茶杯犬飼養比例相當高。臨床上常聽到：「我的狗狗從椅子上跳下來，尖叫一聲，前腳就抬起來了！」或「我的狗狗從我身上跳下去，前腳就抬起來、不敢著地了！」，乍聽之下，並沒有什麼高能量的創傷病史，但卻是最常見的骨折案例。

圖 2-4-1：茶杯犬。

骨折內固定的治療方針，大約是近 60 至 70 年間制定。在此之前，多數的骨折固定都是用包紮或簡單的骨釘進行處置。隨著近代醫療技術及醫療材料的進步，讓我們有了現在習以爲常的內固定骨板。骨板還分成許多不同的系統，很多因子必須考量，沒有想像中那麼簡單。因此，才需要骨科獸醫師根據臨床狀況及骨折治療標準，選擇出最合適的固定方式。

[獸醫師的小叮嚀]

小型犬的橈尺骨骨折通常只固定橈骨，橈骨爲前肢主要負重的長骨，約佔 80% 的負重，尺骨則負責 20%，當橈骨復位固定後，尺骨也會回到相對應的位置上。

一般我們所稱的茶杯犬，是比玩具犬（Toy breed）體型再小一點的狗狗，體重範圍約 1 至 3 公斤之間。常見的犬種有茶杯貴賓、松鼠博美、迷你馬爾濟斯、吉娃娃等。除了小型犬好發的內側膝蓋骨異位外，最常見的問題就是前肢遠端的橈尺骨骨折，約佔所有骨折的 18% 左右。

玩具犬與茶杯犬，前肢骨頭細，當受到（非高能）創傷時很容易就會骨折。此類犬種的骨頭很細，骨頭斷端截面積小，骨內血管密度低，周邊的軟組織覆蓋量較少，血流供應差；骨折後，因先天條件不佳，加上周邊肌肉的牽引力，使得骨折本身的不穩定性較高。

因此，玩具犬或茶杯犬的前肢遠端橈尺骨骨折，比起其他犬種，更需要強而有力的植入物進行完全固定，以達到良好的癒合效果。

如果只經由外包紮或石膏固定，骨折位置一直錯動，不穩定性高就易造成癒合不良或不癒合，輕微的話導致前肢變形扭曲、無法負重，嚴重的話甚至可能需要截肢。所以千萬不能只打石膏或只做外包紮，必須盡早尋求專業的骨外科獸醫師進行治療評估。

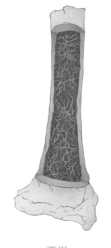
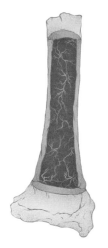

圖 2-4-2：
左側為正常骨頭內的血流供應狀況，右側為玩具犬的血流供應狀況。

正常　　　　　　　玩具犬

大型犬行動殺手：犬髖關節發育不良

你知道小型狗也能換人工髖關節嗎？看到圖 2-5-1 這張圖片，是否很好奇這到底是什麼呢？這個 6 公分大小的東西，是專為迷你犬種及貓咪設計的奈米人工髖關節植入物。這完全顛覆了我們以往的想像：不只有大型犬才有可能進行人工髖關節的置換。然而，到底為什麼這些狗狗或貓咪，需要做人工髖關節置換呢？

———————

在回答上述問題之前，先讓我們來認識一下髖關節。

當狗狗四肢站立時，將你的手扶在狗狗的臀部上方，輕輕將其中一個後肢往後拉，能感受到活動的區域便是牠們的髖關節。髖關節是由骨盆上的髖關節窩及股骨頭的球面構成，屬於球窩關節。主要負責髖關節穩定度的，是厚實的

圖 2-5-1：奈米人工髖關節植入物。

臀肌群及本身的球窩關節構造。想像一個碗與一顆球的形狀，骨盆上的關節窩為碗，大腿骨（股骨）近端的關節頭為球面，兩者對應，便形成了球窩關節。

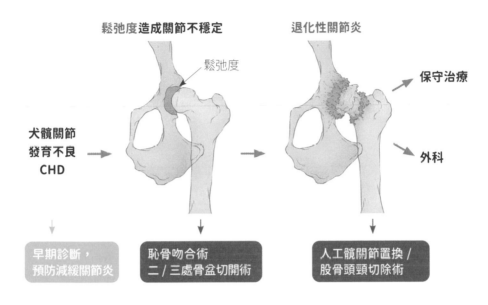

圖 2-5-2：髖關節發育不良的治療選擇及時機。

▊ 什麼是髖關節發育不良？

簡單來說，就是髖關節具有鬆弛度。鬆弛度表示關節出現滑脫關節窩的情形，長期下來，會造成關節窩表面的軟骨磨損、關節窩變淺如盤子一樣，及股骨頭從球形變得平坦、關節周邊產生骨贅生物，最終形成不可逆的退化性骨關節炎。

「是不是我的狗狗基因不好？」
「這是不是遺傳性疾病？」
這是在門診中詢問度最高的問題。除了先天基因遺傳以外，要知道

圖 2-5-3：犬髖關節發育不良的原因。

的是，基因影響的是鬆弛度，但不是有鬆弛度的幼犬，都會造成髖
關節的問題。後天因素如成長階段是否給予過多食物、補充不必要
的鈣、不恰當的運動、周邊肌群強弱與否等都會造成影響。所以，
犬髖關節發育不良，不能單定義為骨關節疾病，而是多病因的疾
病，尤其後天因素的影響遠比先天基因遺傳影響更大。

「是不是只有純種犬才會有髖關節發育不良呢？」
其實不然，雖然在某些中大型犬（如：黃金獵犬、拉不拉多獵犬、
聖伯納犬、獒犬、鬥牛犬）有較高的發生率，但部分中小型犬（如：

柯基犬、日本柴犬）也都是好發品種。常被忽略的是，每5隻米克斯犬，就可能有1隻也患有髖關節發育不良。另外，貓咪也可能會有髖關節問題，但幸運的是，發生比例比狗狗低很多。

「我的小狗走路時很容易滑倒。」
「拉小狗的後腳時，狗狗好像會不舒服。」
「小狗去公園跑步，好像一下就不願意走了。」
當發現小狗有以上症狀的時候，其實很可能就有髖關節的問題，最好盡快尋求骨科獸醫師的協助。

▌髖關節檢查

檢查項目可分為下列3項：

∷ 骨科檢查

骨科獸醫師會協助釐清是否單純由髖關節所引起。

∷ 測試髖關節鬆弛度

也就是常聽到的 OT（Ortolani）測試──給予髖關節少許的外力，看髖關節是否可能脫離正常關節窩的範圍。當觸診時可感覺到髖關節位置出現喀搭聲或悶響，就表示髖關節有鬆弛度，這是在發育正常情況下不應該出現的。

∷ 髖關節檢查

在狗狗深度鎮靜或全身麻醉、肌肉放鬆的情況下，以特定姿勢、角度拍攝 X 光片，得到的影像及數據作為疾病分級。

表 2-5-1：國際通用的髖關節檢查，OFA 與 PennHip 之比較。

	OFA	PennHip
醫師資格	不需特殊認證或工具	醫師需取得證照，拍攝時使用工具
檢查時機	4 至 6 月齡	滿 4 月齡
程度分級	分 7 級	分 3 級
分級依據	骨關節異常 / 有無髖關節半脫臼 / 有無骨關節炎變化	* 分離指數 (Distraction index) 最差爲 1，最佳爲 0
官方核發證書	須滿 2 歲齡	滿 4 月齡即可

* 分離指數 (Distraction index)：股骨頭中心及髖臼窩中心間的距離除以股骨頭半徑所得的數值，該數值介於0–1之間。

髖關節檢查的目的，在於早期篩檢出患有髖關節發育不良的狗狗，遇到嚴重發育不良的病患可及早手術介入；較輕微的病患則從小開始進行環境、飲食、體態及運動管理，以延緩退化性關節炎的變化。目前國際通用的髖關節檢查，主要以 OFA（Orthopedic foundation of animal）及 PennHip 這兩個方式爲主，主要評估髖關節、骨關節

表 2-5-2：以下流程僅為初步分類，仍須經由骨科獸醫師診斷後，依個案給予手術建議。

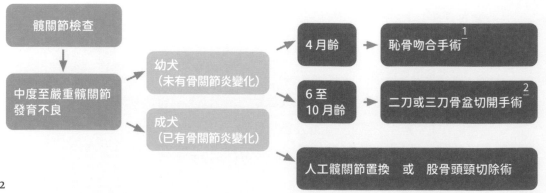

部分，是否有結構上的變化及鬆弛度的有無。兩種方式最主要的差異列於左頁表 2-5-1，使用 PennHip 方式的獸醫師需經過課程訓練取得證照，OFA 則不需要；官方證書發給的年齡、分級標準也略有不同。在臺灣，獸醫師主要的評估方式還是以 OFA 爲主，僅有少數骨外科專門醫院有提供 PennHip 的檢查。

■ 髖關節發育不良，治療方式有哪些？

根據狗狗的年齡、發育不良的程度及是否已有骨關節炎的變化，治療方式主要分爲 2 大類：

:•: **藥物控制**

主要是當骨關節炎發生後以紓緩疼痛爲主。

:•: **手術治療**

主要預防減緩骨關節炎進展，適合的年齡與情況，可參照下頁的圖 2-5-4 與圖 2-5-5。

當幼犬患有嚴重的髖關節發育不良，例如完全脫臼或是骨關節本身幾乎無明顯發育；或是已經成年、但同時有較嚴重的骨關節炎者，通常，會看到這樣的狗狗走路姿勢有明顯異常。例如走路時，重心幾乎都放在前腳、後肢肌肉萎縮嚴重等等。

---

1. **恥骨吻合術（Juvenile pelvic symphysiodesis, JPS）**：改善髖關節鬆弛度並增加關節窩的包覆度，最佳的手術時機爲 4 月齡以前。

2. **二刀或三刀骨盆切開手術（Double/Triple pelvic osteotomy, DPO/TPO）**：藉由旋轉骨盆角度增加關節窩包覆度，同時提升關節穩定度，可改善跛行情況，減緩骨關節炎的產生，最佳手術時機爲 6 至 10 月齡。

在這樣的情形下，手術便會是關節重建或犧牲型的治療方式，如人工髖關節置換（Total hip replacement, THR），將無發育或是嚴重骨關節炎變化的關節切除，進行關節重建，置換成人工植入物。因為是完全重建關節，所以手術後的負重功能幾乎與正常狗狗無異（近乎 100%），也能恢復正常奔跑。髖關節發育不良的問題多為雙側發生，嚴重的發育不良在進行單側置換後，其實就能達到相當不錯的功能。但缺點是該手術所費不貲。

另一種的手術方式，為股骨頭頸切除手術（Femoral head and neck ostectomy, FHO），將造成磨損疼痛的關節做部分切除，手術位置會形成假關節。在手術後，大約能恢復至正常功能的 60~65% 左右。多半用於體型較小的狗狗或貓咪。

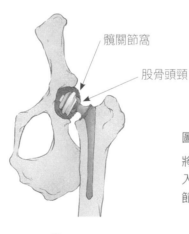

髖關節窩

股骨頭頸

圖 2-5-4：人工髖關節置換：
將髖關節窩、股骨頭頸部分用金屬植入物取代，置換後，能保有最佳髖關節負重及活動功能。

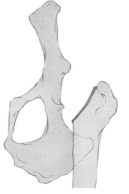

圖 2-5-5：股骨頭頸切除手術：
將股骨頭頸壞死部分做切除，切除的位置會由增厚的結締組織形成假關節，假關節能仍負重，但是關節的活動角度會變小，因此比較適合體重輕的小型犬。

▌ 髖關節發育不良確診後，我該做什麼？

髖關節發育不良，最終都會造成不等程度的退化性骨關節炎（詳見 P.108 Ch2-10）。首先要做的事情，是減低髖關節發育不良的情況，及延緩骨關節炎的發展，有以下幾點建議：

⁖ 飲食

飲食上，避免給予幼犬額外的鈣或維生素D的補充，可能會影響骨頭生長，反而造成髖關節發育不良。維生素C則對膠原生長很重要，但狗狗本身自體會合成，所以不需要額外補充。在幼犬3至6月齡時，給予適當、不過量的食物，避免短時間內增重過快。

⁖ 運動

3月齡以前，避免上下樓梯。早期放繩活動有助於肌肉生長，增加臀部肌肉強度。

⁖ 保健

可以適時補充關節保健品。

⁖ 絕育

避免在5.5月齡前絕育，可降低髖關節的發育不良情況。

⁖ 環境

髖關節發育不良不僅僅是基因遺傳，而是多病因的疾病。早期篩檢、進行手術或飲食、運動等環境控管，能有效減低疾病的嚴重程度，並延緩骨關節炎的發生。

正如我們所知道的，肘關節發育不全以及髖關節發育不全，是最常見造成狗狗發生關節炎的主要原因。根據 2015 年 OFA 的統計結果，我們知道肘關節發育不全的比例大約是 16%、髖關節發育不全的比例大約是 21%。因此，每 5 隻狗狗中，就有 1 隻狗狗可能會被不等程度的慢性關節炎所困擾。

▌ 獸醫師如何測試髖關節鬆弛度：Ortolani test

☝ STEP 1

狗狗舒適地側躺或仰躺，盡量讓狗狗處於放鬆的狀態。

☝ STEP 2

如圖 2-5-6，一隻手 Ⓐ 置於骨盆背側，並將大拇指輕輕放在股骨的大轉節上(不要跟坐骨結節混淆了喔!)。另一隻手 Ⓑ 放置於膝蓋前側和內側，輕托住整個後腳，盡量讓後腳平行於地面，比較接近狗狗行走狀態的角度。

☝ STEP 3

如圖 2-5-7，手 Ⓑ 輕度施力，向股骨大轉節平行地面的方向推，同時緩慢將後腳向垂直地面的方向抬起，慢慢使後腳呈現開腿的姿勢。手 Ⓑ 抬腿的同時，手 Ⓐ 可以輕輕施壓於大轉節，若是大轉節沿垂直地面方向有突然下沉的情況，則表示 Ortolani test 為陽性。也就是說，狗狗的髖關節是有鬆弛度的。此時可以請醫師帶自己一起感受一下，沒有鬆弛度的髖關節，經反覆測試都不會有大轉節下沉的情況。

[獸醫師的小叮嚀]

❶ 犬髖關節發育不良是多病因的疾病，飲食控制及早期診斷非常重要，滿2歲齡前，建議密切監控。

❷ Ortolani test 是一項專業的檢查，必須熟悉狗狗的基本解剖構造與骨科理學檢查，才有辦法順利進行。經由簡單的描述跟圖片介紹，是為了讓大家粗略了解本檢查的實施和操作方式，中間還省略了非常多的細節。不當的檢測環境、檢測方式跟狗狗的檢測狀態，可能會導致不必要的傷害，或造成檢測結果沒有實質的診斷價值。因此，不建議非獸醫師人員進行這項檢測。

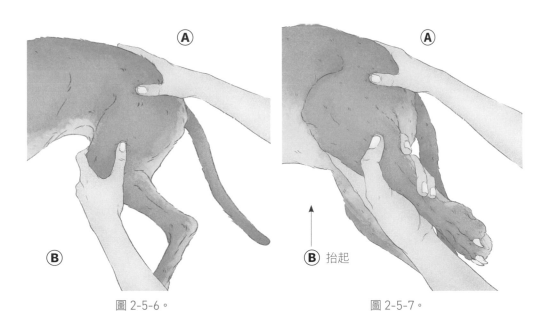

圖 2-5-6。　　　　　　　　　圖 2-5-7。

後肢跛行：幼犬（未滿一歲）

小型犬常見的股骨頭缺血性壞死

醫生，我的小狗後腳突然縮起來了，而且抱牠的時候，牠都會痛到大叫。狗狗都在家裡，沒有摔到或撞到，但是牠好像很痛，腳都完全不放下來，怎麼會這樣？如果狗狗是年輕的小型犬，要注意，這很可能是股骨頭缺血性壞死哦！

———————

▊ 什麼樣的狗狗會得到這個疾病呢？

股骨頭缺血性壞死（Avascular or aseptic necrosis of femoral head, 又稱為 Legg-Calvé-Perthes disease, LCPD）指的是髖關節球窩構造，突然產生急速的退化，導致股骨頭部分的血流供應不足，最終導致壞死及股骨頭部分崩解，如圖 2-6-3。

圖 2-6-1：巴哥犬。

圖 2-6-2：貴賓犬。

體重在 10 kg 以下的中小型犬最爲常見，尤其是小型或玩具貴賓犬、巴哥犬等都是好發品種。好發的年齡大約在 5 至 8 月齡，最早可出現在 3 月齡或最晚至 1 歲半都還可能發生。

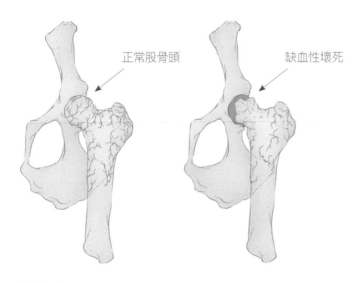

正常股骨頭　　　　　　　缺血性壞死

圖 2-6-3：
正常的骨頭與股骨頭缺血性壞死。股骨頭急速的退化，會導致
血液供應不足，最後導致壞死及股骨頭部分崩解。

▌什麼原因會造成股骨頭缺血性壞死？

目前爲止，還未找到確切的病因，但被認爲可能與基因相關。

初步的研究顯示，可能是血管內形成的血塊，造成髖關節的血流供應受阻，使得骨頭變得不健康，最後壞死形成小骨折。當整個壞死過程越長時，在股骨頭及髖關節周邊會形成結締組織，以增加穩定度。但這樣的小碎骨及結締組織，反而會造成關節窩磨損，形成骨關節炎。此外，因爲與基因相關，曾患有股骨頭缺血性壞死的狗狗，不建議再進行繁殖育種。

▌ 狗狗會有什麼樣症狀呢?

最常見的就是在沒有任何傷口及創傷的情況下,狗狗突然出現後肢單側跛行,而且跛行的情況在數週內,隨著時間越來越嚴重,最後腳完全縮起來、不願意負重、伴隨有肌肉的嚴重萎縮,且碰到髖關節周邊,或輕拉後肢時,狗狗會出現大叫、疼痛的反應。

某些狗狗症狀出現得很突然,一下子就有嚴重跛行縮腳的情況,某些則是漸進式的。

一般來說,這個疾病多為單側性的問題。而患有股骨頭缺血性壞死的狗狗,另一後腳也可能會發生同樣問題。

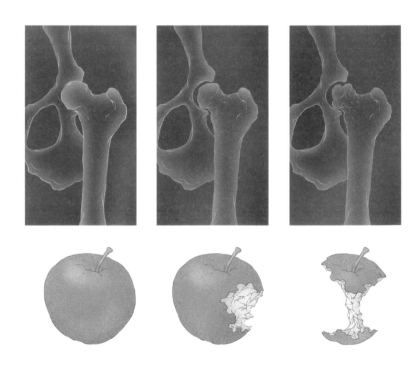

圖 2-6-4:正常股骨頭從球形變扁平、蟲蛀,到完全缺血樣壞死。

▌ 怎麼診斷狗狗是得了股骨頭缺血性壞死？

首先，從狗狗的年紀、品種、有沒有創傷病史與臨床症狀判斷。其次，在醫師進行理學檢查時，觸診是否有明顯疼痛。最重要的，便是放射線學檢查（X 光片拍攝）。因為在疾病的不同階段時，X 光片下所見到的股骨頭影像變化程度不一，所以常會需要重複拍攝 X 光片，來確認股骨頭的變化。

在 X 光片下，疾病初期可能只會見到股骨頭變得較為扁平。隨著疾病進展，股骨頭會出現如蟲蛀樣的缺口，最後股骨頭變形，周邊出現關節炎的變化。

▌ 當我的狗狗被診斷為股骨頭缺血性壞死時，
▌ 治療的選項有哪些？

主要治療的選項有 2 大類。症狀非常輕微的，可採用內科藥物治療，給予止痛藥，紓緩狗狗的疼痛。最重要的是，千萬不要讓狗狗的體重增加，也必須限制運動。因為體重增加與過多的運動都可能讓關節的負擔變大。

而在症狀嚴重的病患中，手術治療便是唯一的選擇。

手術方式可分為 2 種：

股骨頭及頸切除手術

Femoral head and neck ostectomy, 縮寫為 FHO 或 FHNE

將股骨頭頸壞死的部分做切除，切除的位置會由增厚的結締組織形成假關節，假關節仍能負重，但是關節的活動角度會變小，因此比較適合體重輕的小型犬。然而這類手術屬於犧牲型的手術，多半為治療的最後選項。圖解說明可參考 P74 圖 2-5-5。

人工髖關節置換

Total hip replacement, 縮寫為 THR

進行關節置換後，能保有最佳的髖關節功能性，但缺點是手術的費用較高，能進行 THR 的醫院也較少。因此，臨床醫師多半會建議股骨頭頸切除手術。但是，如果狗狗在進行 FHO 切除手術後，疼痛問題仍無法改善，則建議進行 THR。圖解說明可參考 P.74，圖 2-5-4。

最重要的一點是，不論進行哪一種手術方式，手術後初期一定要積極配合復健療程及服用一段時間的止痛藥物，來幫助狗狗的恢復。因為通常此時，狗狗的肌肉萎縮情況是非常嚴重的，早期復健能夠幫助增加關節角度及活動力，疼痛控制及合併長期給予關節軟骨保健品，則能促進縮短復原時間。

[獸醫師的小叮嚀]

不是每個做完 FHO 的狗狗都還能夠選 THR，
外科醫師選擇的方式很重要，要選擇對的醫師。

[獸醫師的小叮嚀]

早期手術跟術後的復健很重要！

▌ 術後復健該怎麼做？

這邊以股骨頭切除術為例，讓大家可以了解一下運動治療的使用時機，跟整體的復健治療流程。

股骨頭切除術是常見的骨科手術，但術後的復健並不是大家熟悉的治療程序。早期復健治療的觀念比較薄弱，多數手術完之後，可能只會建議限制活動、多伸展髖關節，但實際怎麼做？做多久？這牽扯到動物本身手術前的診斷。

是急性還是慢性的問題？手術前的軟組織條件如何？有無嚴重的股四頭肌或臀肌萎縮？外科醫師對於這個手術的熟練程度，以及組織破壞的程度為何？這些都會影響術後恢復的狀況，以及整體復健治療的時間和難易程度。

根據新的統計資料我們可以知道，在股骨頭切除術之後，平均可以恢復 6 至 7 成的後肢功能，所以良好的術後復健治療，是使手術整體成效最佳化的一個方式。

▍常見的術後復健範例

◦ 被動關節活動 Passive range of motion

術後的 24 小時，在良好止痛的狀況下，可以輕度做臀肌以及股直肌的按摩，之後進行緩慢的被動關節活動。要注意的是，整個過程必須是沒有掙扎跟疼痛的。因此只能在狗狗可接受的範圍內，進行輕度的被動關節活動，目的是避免術後軟組織間的沾黏和纖維化。

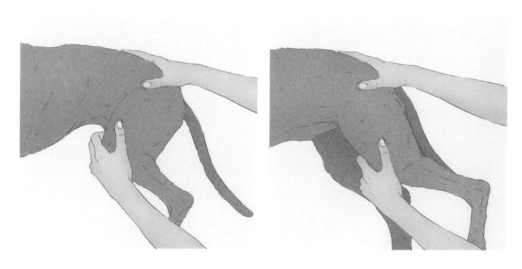

圖 2-6-5：

狗狗為側躺，一手穩定骨盆，一手包覆於大腿跟膝蓋前側，輕而緩慢地以「推」的方式彎曲及伸展髖關節。

重心移轉 Weight shifting

術後 72 小時左右，在有良好止痛的情況下，即可以開始嘗試站立的練習。可以利用高低差或不同厚度的軟墊，來幫助移轉重心，讓手術的患肢有部分程度上的負重。可以根據狗狗的反應來決定活動時間的長短，但原則上，初期以 3 至 5 分鐘為限，可以參考圖 2-6-6 要領。

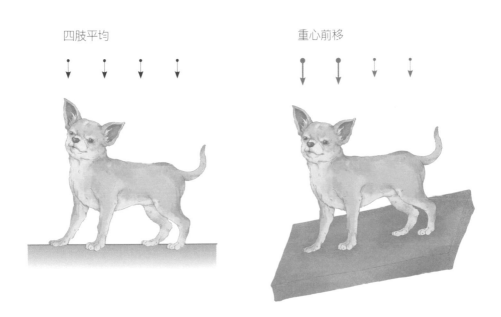

四肢平均   重心前移

圖 2-6-6：
準備軟墊、瑜珈墊、床墊或充氣墊等，讓狗狗在墊子上站立，或緩慢來回走動。

🐾 節奏穩定活動 Rhythmic stabilization

術後大約 5 至 7 天後，在「重心移轉練習」得心應手的情況下，可以適度增加活動的難度，來調整訓練強度。節奏穩定活動一般需要藉助平衡墊或瑜珈球的幫助，除了重心移轉之外，可以幫助強化股四頭肌群、肱三頭肌群、核心肌群以及本體感覺等，相關要領可以參考圖 2-6-7。活動每次約 5 至 15 分鐘，每天 1 到 2 次。

下壓

圖 2-6-7：

將狗狗置於平衡墊中央，四肢平均放置於墊子上。一隻手輕托於腹部，避免狗狗摔倒或跑開，將另一隻手放於平衡墊，輕輕向下給予壓力。（約以每秒一下的頻率回彈，大約持續 30 至 60 秒）

放鬆

坐下起立運動 Sit to stand

在術後大約 2 週之後，依照狗狗復原的速度，可以開始進行主動關節活動角度以及大腿伸肌和縮肌群的訓練。

圖 2-6-8：

透過少量零食獎勵的誘導，增進彼此互動關係。訓練其緩和完成坐下及起立的整組動作，每回訓練可以進行 10 至 15 次，一天可進行 2 回。

以上幾項運動治療施行的建議時間，還是必須經由復健獸醫師評估過後，確認適合進行再開始，避免因為活動強度不適當造成軟組織傷害，導致整體恢復速度反而延緩。

當然，股骨頭切除術的術後復健並非只有運動治療，還包含其他徒手治療、物理治療和水療等等，在不同的復原時期介入訓練，能幫助狗狗在手術之後將肢體功能恢復到最佳化。

後肢跛行：任何年紀

不該被忽略的犬膝蓋骨異位

小型犬膝蓋骨異位的問題，多數為內側異位，任何年齡都可能發生，一般認為和先天發育有關，因此很多小型犬在很早期，就被診斷出有不等程度的膝蓋骨異位問題。臺灣常見的小型犬種幾乎都無一倖免：迷你貴賓、馬爾濟斯、博美、西施、吉娃娃、約克夏、雪納瑞等，甚至連貓咪都有這類的骨科問題。相反的，中大型犬則是以外側膝蓋骨異位較為常見。

圖 2-7-1：博美犬。

圖 2-7-2：吉娃娃。

圖 2-7-3：約克夏。

▌狗狗的膝關節在哪裡？

先想像一個情境，我們雙腳腳掌貼地坐在椅子上，再緩緩踮起腳跟，使接觸地面的區域只剩前端腳掌和腳趾，維持這樣的姿勢不動，這時檢視一下我們的後腳，是不是覺得跟狗狗有點相似了呢？

沒錯，其實狗狗後腳的正常站姿，就像前面描述人的踮腳姿勢一樣，所以可能有人會誤以為狗狗的踝關節是牠們的膝關節。

事實上，狗狗的膝關節跟人的方向是一樣的，且構造非常相似，同時是連接大腿跟小腿的重要關節。大腿端由強壯的股四頭肌腱往下接著膝蓋骨，最後牢牢抓在脛骨前端，而膝蓋骨則是穩穩坐落在滑車溝內，是構成狗狗卓越跳躍能力的重要結構。

另外，膝關節內部也有 2 個熟悉的重要構造，就是負責穩定膝關節的前後十字韌帶，和緩衝重力的半月軟骨，如下一頁的圖 2-7-5。

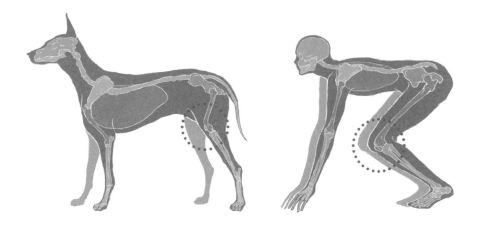

圖 2-7-4：人與犬的膝關節位置。

在我們大致了解狗狗後腳的解剖構造後，可以理解狗狗的膝蓋骨相當於人的髕骨，在正常活動的情況下，應該穩穩的在滑水道般的滑車溝內滑動，避免膝關節在活動時，股四頭肌的肌腱和骨頭接觸，而造成磨損。

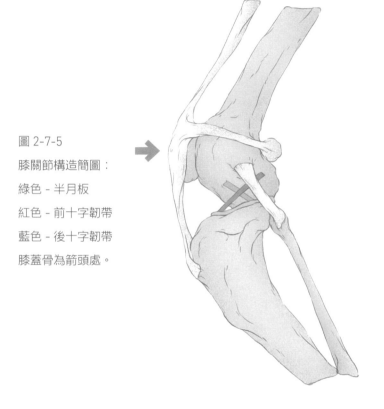

圖 2-7-5
膝關節構造簡圖：
綠色 - 半月板
紅色 - 前十字韌帶
藍色 - 後十字韌帶
膝蓋骨為箭頭處。

▌ 什麼是膝蓋骨異位？

「我的狗狗膝蓋脫位。」
「我的狗狗膝關節脫位了。」
「我的狗狗膝蓋脫臼了。」
「我的狗狗膝關節脫臼了。」

這些是在門診諮詢時，我們最常聽到的轉述。其實指的就是在小型犬常見的膝蓋骨異位。

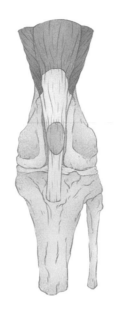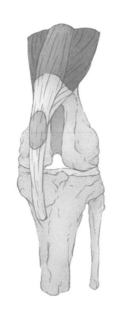

圖 2-7-6：

左圖為正常膝蓋骨及滑車溝的相對位置，右圖為膝蓋骨滑脫後的樣子。

圖 2-7-7：

部分小型犬，患有嚴重膝蓋骨異位的情況，也有可能出現後肢盤坐的姿態。

膝蓋骨異位，簡單來說就是膝蓋骨在正常活動時，偏離了既有軌道，導致狗狗有間歇性抬腿或疼痛跛行的疾病，也就是說就是膝蓋骨不在滑車溝上了。若膝蓋骨跑到大腿內側，就叫膝蓋骨內側異位（Medial patellar luxation, MPL），相反的，跑到外側，就叫膝蓋骨外側異位（Lateral patellar luxation, LPL）。

▌ 怎麼診斷膝蓋骨異位？

這邊可能會產生幾個疑問，像是：

「我怎麼知道狗有沒有膝蓋骨異位的問題？」

「我怎麼知道狗膝蓋骨異位問題有多嚴重？」

就診斷而言，一般的獸醫師用觸診的方式，就可以知道狗狗有沒有膝蓋骨異位的問題，但就僅止於診斷而已。膝蓋骨異位的嚴重程度評估方式，其實並沒有想像中的簡單。但非常、非常簡略來說，膝蓋骨異位依照膝蓋骨不在正常解剖位置的情況，可以粗略分為 4 個等級，請參考下表敘述。

第一級	一般情況下，**膝蓋骨位於滑車溝內**，藉由外力**可**將膝蓋骨推出滑車溝，外力消失，**膝蓋骨回到正常位置**。
第二級	一般情況下，**膝蓋骨位於滑車溝內**，藉由外力**可**將膝蓋骨推出滑車溝，外力消失，**膝蓋骨仍停留在內側或外側**。
第三級	一般情況下，**膝蓋骨不在滑車溝內**，藉由外力**可**將滑出的膝蓋骨推回滑車溝內，外力消失，膝蓋骨滑出滑車溝。
第四級	一般情況下，**膝蓋骨不在滑車溝內**，藉由外力**無法**將滑出的膝蓋骨推回滑車溝內。

表 2-1-1：膝蓋骨異位的 4 個等級。

初步骨科理學檢查，確診跟區分出膝蓋骨異位的嚴重等級後，我們要有的認知是，膝蓋骨異位通常只是後腳問題的一部分。所以單只有觸診膝關節的評估，並不足以充分了解狗狗後腳的整體狀況。一般會建議配合初步影像學檢查，可以讓獸醫師知道，狗狗是否同時有前十字韌帶問題、退化性關節炎或骨變形等，這些都會影響後續治療的方向跟結果。

█ 如何治療膝蓋骨異位問題？

既然這種問題是結構上的異常，導致功能性的受損，直觀思考治療方式，當然就是去矯正這個異常的結構問題，也就是外科手術治療。這邊可以參考美國獸醫外科專科醫師 Antonio Pozzi 幾個手術治療準則：

第一個準則
狗狗發生跛行症狀（或頻繁抬腳）已超過 3 次以上。

第二個準則
第三級以上的膝蓋骨異位。

第三個準則
體型屬於中大型的狗狗，容易併發前十字韌帶斷裂的問題。

當然除了以上準則之外，狗狗必須是由骨科醫師完成整體的後腳評估，確認整體後腳的狀況後，再決定後續治療方針。

手術治療可以簡單分成 2 個部分：

軟組織的重建

包括內外韌帶、關節囊張力的調整，及內側肌群的張力釋放等。

骨組織的矯正

常使用的方式是滑車溝整形，及脛骨粗隆水平轉位，目的是調整整體股四頭肌的張力線，降低復發的機率。

膝蓋骨異位的保守治療方式是服用關節保養品？

普遍存在的觀念是「膝蓋骨異位需要吃關節保養品」，但其中省略了太多的資訊。某些程度上來說沒有錯，但吃關節保養品的目的，不是治療或紓緩膝蓋骨異位的問題本身，而是針對膝蓋骨異位繼發的退化性關節疾病或二次性骨關節疾病。必須強調的是，關節保健品在骨關節炎治療的眾多方式中，只佔非常小的一部分，因此，關節保健品的服用≠骨關節炎的治療≠膝蓋骨異位的治療。

[獸醫師的小叮嚀]

- 膝蓋骨異位建議早期進行手術治療。
- 復健或吃保健品無法改變膝蓋骨異位的結構問題。
- 膝蓋骨異位易併發嚴重二次性關節炎。
- 膝蓋骨異位會增加前十字韌帶斷裂的風險及半月軟骨受傷的機率。

NOTE

中老年犬跛行原因最常見：前十字韌帶斷裂

你知道嗎？狗狗最常見的跛行原因，其實是前十字韌帶斷裂，而這種跛行在任何年紀都可能會發生。

————————

十字韌帶是什麼，我們來了解一下。十字韌帶是連接大腿骨（股骨）與小腿骨（脛腓骨）的主要韌帶，分為前十字與後十字韌帶。一般我們所提到的十字韌帶傷害，主要都是指前十字韌帶，所以本書提及的十字韌帶皆指前十字韌帶。

前十字韌帶的功能，是為了防止小腿骨往前滑動及防止內轉、維持膝關節的穩定性。在大腿骨與小腿骨接觸面，有內外側半月軟骨的構造，半月軟骨就像是緩衝墊，當狗狗活動時，可吸收緩衝關節下壓的力量。

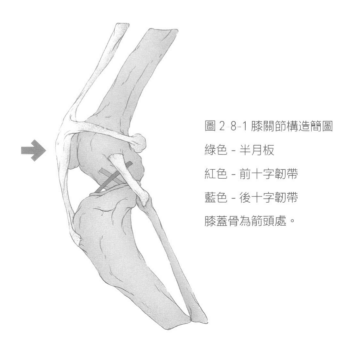

圖 2 8-1 膝關節構造簡圖
綠色 - 半月板
紅色 - 前十字韌帶
藍色 - 後十字韌帶
膝蓋骨為箭頭處。

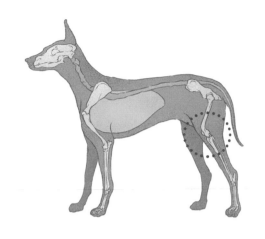

圖 2-8-2：正常狗狗站立時，膝關節呈彎曲姿。

在站立時，人的膝關節為直立且伸直的狀態，而狗狗的膝關節呈彎曲姿（約 140 至 165 度），這樣的姿勢使十字韌帶長時間承受較大的張力，特別是小腿骨（脛腓骨）會自然向前方推移，而前十字韌帶就是負責抵抗這向前的力量，以維持每次行走或奔跑時膝蓋的穩定。

圖 2-8-3：

紅色：前十字韌帶；

藍色：後十字韌帶。

當前十字韌帶斷裂後，膝關節會向前移動。

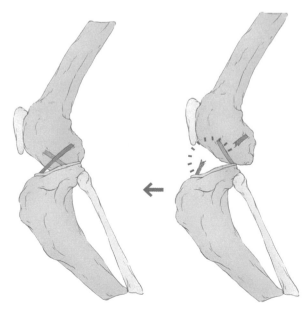

▌ 前十字韌帶斷裂 Q & A

Q1: **狗狗是不是跳得太激烈，所以十字韌帶才會斷掉？**

A: 人的前十字韌帶斷裂，多半是因為創傷或外力而造成急性斷裂。因生理構造的不同，狗狗的前十字韌帶斷裂問題則複雜許多，屬於多病因的疾病。通常十字韌帶在發生斷裂以前，就已經有退行性的變化——意思是十字韌帶可能就已是鬆動的情況。所以最後的那一跳，只是壓垮駱駝的最後一根稻草。

Q2: **是不是只有大型犬才會發生十字韌帶斷裂？**

A: 前十字韌帶斷裂問題可能發生在任何體型、任何年紀的犬種，在貓則很少見。常見的好發犬種有：羅威納犬、聖伯納犬、秋田犬、拉不拉多犬。目前已被證實，在拉不拉多犬及新芬蘭犬會遺傳此問題。以往認為只有中大型犬常見前十字韌帶斷裂的問題，目前則已知，患有膝蓋骨異位的狗狗，也是前十字韌帶斷裂問題好發的族群。此外，韌帶退化、肥胖、體態差、肌肉骨骼結構不良，都可能會提高發生的機會。

Q3: **狗狗的前十字韌帶斷裂，可能表現不同的臨床症狀？**

A: 前十字韌帶斷裂是漸進性、退化性的問題，到最後會因某個外力而造成完全斷裂。部分前十字韌帶撕裂在狗狗是非常常見的問題，如果不進行處置，到最後都會完全斷裂。整個過程可能耗時數月或數年。因為韌帶的損傷，有可能是部分撕裂至完全斷裂，因此臨床上會見到不同的症狀：最輕微的從坐姿改變、坐下的速度變得比較緩慢，或是靠單邊坐下；到明顯的後肢疼痛、縮腳不負重、肌肉嚴重萎縮都可能發生。

要知道的是，只要發生前十字韌帶斷裂的狗狗，一定會產生繼發性退化性關節炎。當合併半月板破裂時，退化性關節炎的程度則越嚴重。值得注意的是：曾經發生過前十字韌帶斷裂的狗狗，有 40 至 60% 的病患，另一側的腳也會發生同樣問題。

Q4: **前十字韌帶完全斷裂容易診斷，但部分斷裂的診斷非常不容易？**

A: 從臨床症狀、病史，配合理學檢查，觸診部分包含抽屜試驗、脛骨推擠試驗及 X 光下的變化，完全斷裂是容易診斷的問題。但部分斷裂的診斷則較有難度，除了臨床醫師的經驗以外，多半需要配合關節鏡或是進階影像才有辦法確診。

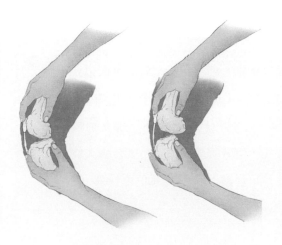

抽屜試驗 Drawer test

如圖片所示，測試左側膝關節時，右手置於股骨遠端，指頭必須抓住特定的骨頭解剖位置，左手則置於脛骨近端並抓住特定骨頭解剖位置，右手穩住，左手適度將脛骨向前側推擠進行測試。

脛骨推擠試驗 Tibial thrust test

測試左膝關節時，右手握住股骨，並將食指頂在脛骨前端（脛骨脊），左手將踝關節做 90 度彎曲。感受脛骨是否有向前頂的力量。

[獸醫師的小叮嚀]

當使用 X 光檢查與診斷十字韌帶的問題時，並不端看十字韌帶是否完整，而是藉由股骨與脛骨的相對位置，及關節囊內軟組織影像的變化，來判斷是否可能有十字韌帶斷裂。在人多半使用超音波或核磁共振影像來判斷，但因為狗狗體型過小，超音波診斷難度較高，且核磁共振所費不貲，所以門診診斷的工具略有不同。

Q5: 外科手術是狗狗前十字韌帶斷裂的最好的治療方式？

A: 根據美國獸醫外科學會（ACVS）建議，外科手術是狗狗十字韌帶斷裂的標準治療方式。唯有透過手術，才能有效並永久改善因前十字韌帶受損所造成的膝關節不穩定情形，及得到良好的疼痛控制。

手術目的並不是去修復十字韌帶本身，而是利用不同的手術方式，去重建膝關節的穩定度。經由外科手術治療的狗狗，約有 85 至 90% 的臨床症狀可見非常明顯的改善，且大大減低了退化性關節炎的進程。常見的外科手術方式，可分為囊外固定方式及植入物輔助改變脛骨角度的手術，如脛骨平台轉位手術、MMP、TTA 等。

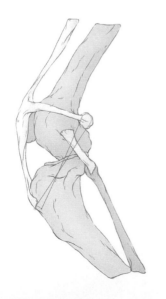

囊外固定方式 Extracapsular fixation

指模擬前十字韌帶的走向，在脛骨前緣鑽孔後，以人工線材固定於股骨後緣及脛骨前緣。藉由暫時的穩定膝關節，讓周邊結締組織形成，增加膝關節的穩定度。此方式適用於體態輕盈且活動力較不旺盛的小型犬，因為線材強度有限，肥胖或過於活潑的狗狗，在膝關節達到穩定度前，可能又會再度把人工線材給跳斷。

Q6: **前十字韌帶斷裂的保守療法是什麼？**

A: 保守療法通常是指多種治療合併的方法。當有經濟考量或狗狗有其他嚴重的疾病，無法選擇手術方式治療時採用，包含有以下項目：

- 止痛藥物的給予及活動限制（例如：以牽繩限制活動）
- 復健運動治療，藉由復健維持肌肉的張力強度
- 使用客製化的膝關節輔具，藉由輔具的配合，提高膝關節穩定度

Q7: **復健治療可有效縮短術後恢復時間嗎？**

A: 研究顯示，復健治療能有效縮短手術後恢復時間。未經手術的狗狗，也能經由復健運動治療提升部分的關節穩定度。此外，體重控制也是非常重要的一環，體態肥胖或過瘦的狗狗都可能增加另一隻腳發生十字韌帶斷裂的機會。

脛骨平台轉位手術

Tibia plateau leveling osteotomy, TPLO

為目前全世界最主流的手術方式。藉由永久改變脛骨平台的角度，讓原本向前滑動的脛骨，能夠穩定角度不前移。手術的優點為術後狗狗恢復的時間較快，且不論大小型犬都能適用。

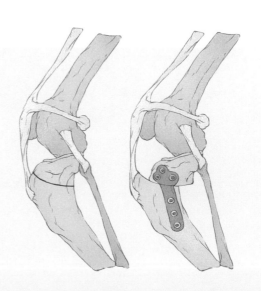

其他：任何年紀

好痛！髖關節脫臼了！

髖關節脫臼是非常疼痛的情況，可能會看到狗狗的單側後腳伸直、完全無法著地，而且輕碰臀部位置狗狗就尖叫，也沒辦法好好坐下，有些狗狗甚至不願意移動身體，或是不願排尿。在這樣的情況下，最好是將狗狗放置於大型軟墊上，輕柔的移動，並盡速至醫院就診。

────────────

▌爲什麼會發生髖關節脫臼呢？

通常是因爲外力創傷所造成的，而這個外力的創傷，可能來自髖關節的不正常受力，或高強度受力所導致。另外，退化嚴重或是發育不良的髖關節都是危險因子，因此發生髖關節脫臼的機率也比較高。外力創傷所造成的脫臼，多半爲單側；因退化或發育不良所造成的脫臼則常見於雙側脫臼。

圖 2-9-1 常見髖關節脫臼原因：高強度受力。

圖 2-9-2

常見髖關節脫臼原因：車禍創傷。

▋什麼是髖關節脫臼？

簡單來說，就是髖關節（股骨頭部分）脫離關節窩的位置。當股骨頭脫離關節窩時，同時也造成圓韌帶斷裂、關節囊及周邊肌肉組織的撕裂傷。最常見的為前背側脫臼，有時可見後腹側脫臼。

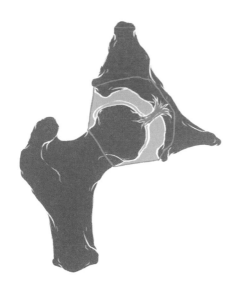

圖 2-9-3：正常髖關節結構。

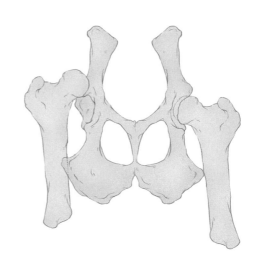

圖 2-9-4：前背側脫臼。

▊ 髖關節脫臼該如何診斷呢？

主要經由骨科檢查以及 X 光片檢查得知。因爲多半與「創傷」有關，這樣的創傷力道也可能傷及泌尿系統、心肺或其他器官，所以需要進行詳細的全身檢查，評估受傷的範圍。而髖關節脫臼是很疼痛的，常需鎮靜後才能拍攝標準的仰躺姿勢。標準的髖關節 X 光片能幫助獸醫師，判斷病患本身是否也有髖關節發育不良的問題，若也有髖關節發育不良，會影響手術的建議選項以及預後。

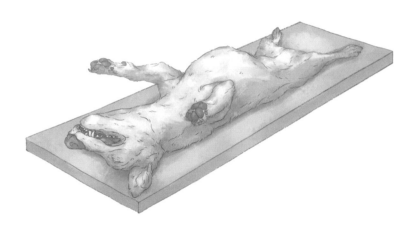

圖 2-9-5：狗狗鎮靜呈現仰躺姿勢。

▊ 脫臼了該怎麼做才好？

治療方式分爲以下幾種，如果是因爲「創傷」所引起的，有以下 3 種處理方式：

:: 封閉式復位

在受傷後的 72 小時內，可採用「封閉式復位」。是讓狗狗在麻醉鎮定的情況下，將股骨頭推回去原本關節窩的位置，配合 Ehmer sling 或 Hobble 綁帶包紮 1 至 2 週，並嚴格關籠 4 至 6 週。

包紮目的是為了讓狗狗暫時不負重，或讓後肢活動幅度受限，使周邊撕裂的軟組織能形成較強韌的結締組織。

圖 2-9-6：Ehmer sling 示意圖。

這類型的包紮必須在麻醉狀況下進行，且受過專業訓練，否則可能會造成肢端嚴重傷害。

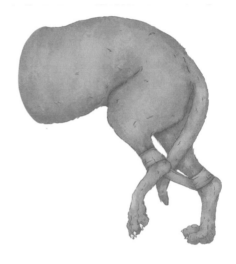

圖 2-9-7：Hobble 綁帶示意圖。

目的為限制後肢活動的角度。

優點　能保留原本的骨關節構造，負重及運動功能較好。

缺點　成功率較低，大約50%至60%，體重越重的狗(>10kg)，失敗率越高；受傷的時間越久，失敗率越高，且包紮位置多半伴隨較嚴重的皮膚摩擦傷。

☺ 手術

手術可分為以下 3 種，分別為：人工韌帶重建、人工髖關節置換（請參閱 P.68 Ch2-5）與股骨頭頸切除手術（請參閱 P.78 Ch2-6）。

☺ 人工韌帶重建

以人工線材重建已斷裂的圓韌帶，並嚴格關籠 4 至 6 週的時間。

優點 能保留原本的骨關節構造，負重及運動功能較好。

缺點 人工線材仍有斷裂的可能性，體重越重、越難限制運動的狗狗失敗率較高。

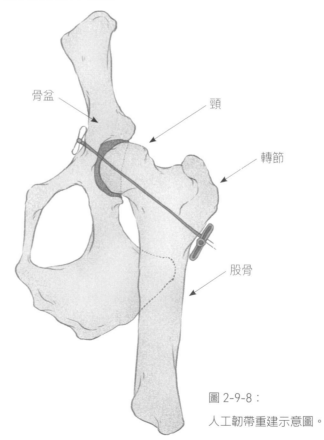

骨盆

頸

轉節

股骨

圖 2-9-8：
人工韌帶重建示意圖。

▌ 髖關節脫臼 Q & A

Q: 我的狗狗很老了，能不能什麼都不做，只做復健或給牠吃點藥就好了呢？

A: 當然不行呀！要知道的是，因創傷而脫臼的髖關節，是無法正常負重的，而且骨頭的相互摩擦，都會造成狗狗劇烈的疼痛，不盡快處理，狗狗後肢的肌肉會急劇萎縮。不論是封閉式復位或是手術方式，目的都是爲了讓狗狗能減少疼痛，並盡快恢復負重的功能。此外，復健的另一個目的，在於重建肌肉的強度，但當疼痛而無法正常負重的情況下，是很難重建肌肉強度的。想像一下，當你都把重心及力量放在左腳行走、右腳沒有正常出力的情況下，如何有辦法訓練肌肉呢？狗狗的情況也是如此，必須經過醫師專業的評估，考量關節脫臼的原因、關節發育的情況、狗狗整體的健康狀態，以及治療結果的期望等因子，幫狗狗做出最適當的治療建議。

[獸醫師的小叮嚀]

要知道的是，以上說明的皆爲「創傷」所引起的脫臼。如果是「嚴重退化的髖關節」，封閉式復位及人工韌帶重建的方式則不適合，都需經專業的獸醫師評估後給予建議。

狗退化性關節炎（骨關節炎）＝自然老化？

啊，一定是因爲老了！
這句話可以用來搪塞很多疾病的診斷跟治療。

很多時候不是因爲無知或觀念老舊，只是習慣性的，將人的經驗直接帶入動物身上，直覺認爲：「我們是這樣，牠們一定也是這樣。」

———————

在臨床上，也常常遇到主人用「老了」來解釋狗狗的一切問題。覺得反正一定是器官正常衰退的過程，無需介入太多侵入或非侵入的治療，一切順其自然。但其實以獸醫師的立場來看，這是一個不太負責任的飼主行爲，因爲對狗狗而言，「老了」僅是一個沒有任何專業評估的個人判斷，經常被認定不需要治療，也無法治療。

獸醫師的責任是，幫助這些無法訴說自己症狀跟感覺的動物，免於或減少因疾病所帶來的不適或痛苦，診斷其實是最重要的一步！台大醫學博士柯文哲醫師曾經說過：「當治療無效就必須回去檢視診斷，因爲一定是沒有確實診斷或診斷方向錯誤。」

知名的馬病復健獸醫師 A. Kent Allen 也曾說過：「沒有診斷的治療，藥物就是毒藥，手術就是創傷，替代療法就是巫術。」所以診斷應該交給專業的獸醫師。

而在狗狗骨關節炎的診斷跟認知上，有許多常見的謬誤，在這邊可以跟大家重申幾個重要的觀念。

觀念一：狗骨關節炎是疾病，並非僅是自發性的老化

在經過標準檢查，且診斷為狗骨關節炎後，必須知道狗骨關節炎是疾病。在小動物而言，自發性的骨關節炎退化並非不存在，只是發生的比例非常低。多數情況下，狗骨關節炎都是繼發性的，也就是有一個主要的問題所導致。通常都是一些先天或後天的骨科疾病，如同其他章節所提到的肘關節發育不全、髖關節發育不全、膝蓋骨異位或前十字韌帶斷裂等問題。

因此，面對這個疾病，我們必須在還能對主因進行治療的時候，盡快開始治療，以避免狗骨關節炎的快速變化，進而影響老年動物的生活品質。

觀念二：狗骨關節炎是不可逆的，是終身必須面對的問題

第二個必須知道的是狗慢性關節炎是終身的問題，這個疾病並不會因為口服保健品或其他神奇的關節內注射而消失！

從疾病的觀點，我們借用下頁圖 2-10-1 Kellgren-Lawrence 對膝關節退化性關節炎的分級來說明，一般狗狗在有疼痛反應而就診，經由 X 光診斷為狗骨關節炎的情況下，多數的級別坐落於第三跟第四期，且第四期的數量不在少數，因此我們可以知道這個情況下，關節腔已經變小且至少 60% 重要的關節軟骨已經喪失，而在狗狗喪失的比例常常大於 60%！因此，多數的治療對於關節軟骨再生的幫助非常有限。所以對於這個疾病而言，控制比起治療，可能更貼切些。

| I. 懷疑 | II. 輕微 | III. 中度 | IV. 嚴重 |

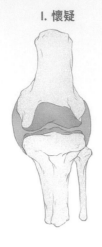 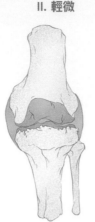 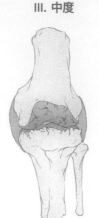 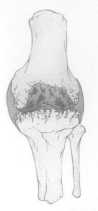

輕度損傷
已有 10% 軟骨受損

關節腔變窄
軟骨破裂
產生骨贅生物

中度關節腔變窄
軟骨破裂範圍變大

關節腔嚴重變窄
60% 的軟骨喪失
明顯的骨贅生物

圖 2-10-1：膝關節退化性關節炎的分級。

觀念三：狗的骨關節炎控制是長期抗戰，更是生活習慣

既然我們認知到狗的骨關節炎是疾病、是不可逆的，簡單一點想：這就是一個慢性的疾病。我們要做的是好好控制它，而非治癒它。在網路上可以找到許多針對狗骨關節炎的治療文章或治療方法，或許有些謬誤，多數的治療都是針對疼痛的治療方式，而非疾病本身。這邊列出美國田納西大學獸醫學院骨外科及復健科的醫師，針對狗骨關節炎的控制所作的建議：

狗骨關節炎的控制	
運動治療：	復健門診及居家復健
復健儀器的應用：	雷射、超音波、電療、震波等
藥物的給予：	NSAIDs、Opioid、PSGAG 等
其他：	體重管控等

表 2-10-1：狗骨關節炎的控制。

由這些項目可以知道，狗骨關節炎疾病的控制重點，在於疼痛管控、肢體功能性的維持、減緩負擔及關節退化，以達到改善生活品質之目的。既然骨關節炎的盛行率如此高，勢必要好好了解這個疾病是怎麼造成的。

▌ 什麼是關節？

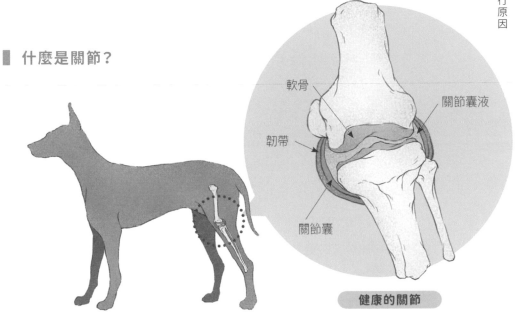

圖 2-10-2：關節構造示意圖。

網路上常常看到網友分享自己的狗狗被診斷有骨關節炎，最常見的位置就是肘關節、腕關節、髖關節，以及膝關節等重要的可動關節。

巨觀來看，關節是一個器官，主要分為不動關節、少動關節以及可動關節。功能包括：骨與骨的連接，及增加肢體活動的靈活性。而關節的構造，可參考圖 2-10-2，有關節軟骨、滑液囊、滑液囊液、纖維關節囊、韌帶、環關節肌肉，及肌腱、半月板、軟骨下硬骨等。

其中最需要認識的構造就是關節軟骨。關節軟骨包覆於長骨終端，主要由軟骨細胞、胞外基質以及水分所構成，本身無神經、血液或淋巴供應。而關節軟骨的受損，可以說是關節炎的起始。

另一個重要組成是關節囊液。它除了可以緩衝重量、抗壓及抗摩擦，提供一個摩擦力趨近於零的功能單位之外，最重要的是提供關節軟骨細胞主要的養分。

▌ 什麼是關節炎？

根據美國骨外科科學院（AAOS）、國際關節炎、肌肉骨骼疾病及皮膚病組織（NIAMS）、國際老化研究組織（NIA）、美國關節基金會、骨科研究及教育基金會（OREF）等對於關節炎的闡述，有 3 個主要的定義。而依照定義，我們可歸納出關節炎的形成流程如表 2-10-2 所示，從微觀到巨觀的一連串變化，就像是蝴蝶效應般。

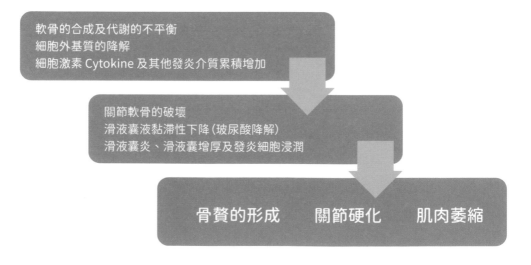

表 2-10-2：關節炎的形成流程表。

▌ 造成狗關節炎的主要因素

簡單來說，只要引起關節活動不協調，以及關節的不穩定，造成軟骨受損的情況下，就有機會引發關節炎。人類中較常發生的原發性骨關節炎，是自然老化與退化的關節炎，但是在小動物則不是這麼回事。小動物中最常見的致病原因包括了「發育性疾病」及「創傷」。

發育性疾病，就是我們在其他章節介紹的犬髖關節發育不全（Canine hip dysplasia, CHD）、犬肘關節發育不全（Canine elbow dysplasia, CED）、股骨頭缺血性壞死以及剝離性骨軟骨炎（Osteochondritis dissecans, OCD）等。可以發現，這些都是幼齡動物就可能會產生症狀的疾病。因此，必須早期診斷及治療，才能夠盡量避免後續發展成骨關節炎。

除了發育性疾病之外，過度活潑的狗狗有時候難免會有意外的創傷，當創傷發生在關節，就有可能引起後續不等程度的骨關節炎。最常見的關節創傷當然就是脫臼（脫位），即關節的位置偏離原本的解剖位置。而依照偏離位置的狀態，又可以分成半脫臼或完全脫臼。不過，不管是哪一種脫臼，沒有適當的處理，最終就是導致無法回復的骨關節炎。

另一種必須更加審慎處理的是關節創傷，也就是關節面的骨折。這類的骨折處理比起其他四肢骨骨折更困難，除了必須在短時間內（48小時內）盡快進行手術固定之外，必要條件是完美的解剖復位，只有越接近完美的復位跟好的穩定度，才能夠避免嚴重關節炎的產生。

▋ 如何診斷骨關節炎？

經由先前的介紹，可得出一個非常重要的結論，就是骨關節炎的表徵是一個結果，而且不可逆。要看到這個結果一般只需要使用 X 光檢查即可。

不過最重要的，並非看到骨關節炎這個結果。在診斷上希望強調的是，盡量找出相關的主因，藉此幫助**控制**這個骨科的**慢性疾病**。

臨床獸醫師的診斷流程，從最單純的骨科理學檢查開始，獸醫師可以藉由觸診確認狗狗或貓咪的整體結構是否對稱，而不對稱的原因包括肌肉萎縮、軟組織增厚和關節腫脹等。

身體能完整踏出一步，是神經、肌肉和骨骼完美配合的結果，因此，一旦有一個環節出現問題，就可能導致步態的異常。所以即使是診斷一個骨關節炎的問題，都必須確認基本的腦神經、脊椎神經以及周邊神經功能是否正常。

下一步就是影像上的直接證據。由於小動物的骨關節炎，被發現的時間通常相對較晚，因此會在 X 光影像上，看到關節面骨質上的變化，例如骨質硬化、關節的重塑形或骨贅牛物等。

有些比較複雜的情況，還需要藉由其他方式幫助獸醫師釐清造成骨關節炎的可能原因，像是關節穿刺以抽取關節囊液、進行關節囊液的細胞分析或細菌培養等。另外，關節鏡、電腦斷層和核磁共振等診斷方式，可以在更早期幫助獸醫師去診斷骨關節炎的問題。

▍骨關節炎不可逆，那還需要治療嗎？

在臺灣，由於醫療水平的提升，伴侶動物也隨之步入高齡化。因此我們必須跟毛寶貝們一起面對慢性疾病的問題，而狗骨關節炎也是最常見的一項疾病。

許多時候，因爲狗狗對疼痛的耐受程度不一，且我們對於牠的疼痛表現認知不足，往往到就醫的時候，骨關節炎都已到達一定的嚴重程度了。因此，我們對狗骨關節炎必須有一定的認識，讓我們有足夠的知識去幫助毛家人，一起好好控制這個疾病，增進老年動物的生活品質。

疾病治療最重要的一步是對這個疾病的認知，人對於自身的疼痛能夠清楚表達，骨關節炎的問題一般在很早期，就會被確認並開始治療。但是很多小動物基於本能，會隱藏痛楚跟不適。所以許多時候，一些骨關節炎早期的細微表徵，很容易被忽略掉。因此，**疼痛識別**在這樣的疾病中，扮演了非常重要的角色。

下頁表 2-10-3，是美國科羅拉多州立大學獸醫教學中心所使用的疼痛評估表，可以依照狗狗的心理行爲、姿勢和對於碰觸的反應，將疼痛的程度量化，讓我們知道狗狗是否處於疼痛或不適，不但能幫助我們早期發現骨關節炎的存在，也能協助了解骨關節炎控制的成果。

疼痛評量	心理及行為	姿勢	對觸碰的反應
0	1) 開心充滿活力 2) 對環境充滿興趣 3) 反應熱烈，尋求關注	1) 舒適的休息 2) 正常站及慢走 3) 四肢正常負重	1) 身體非常輕微緊繃 2) 不介意任何觸碰 3) 關節觸碰無明顯反應
1	1) 輕微無法好好休息 2) 容易被環境影響而分心 3) 有反應，但不主動尋求互動	1) 站姿正常，偶爾重心偏移 2) 行走時輕微跛行	1) 輕度身體緊繃 2) 除了疼痛區域外，不介意碰觸 3) 認知到觸摸關節時，會回頭看
2	1) 焦慮、不舒服 2) 對於人及環境的互動低，但會觀察周遭環境 3) 眼睛失去光澤 4) 對於互動沒反應	1) 站姿的體重分布異常 2) 行走時中度跛行 3) 休息時可能不舒服	1) 輕中度身體緊繃 2) 可以接受遠離疼痛的觸碰 3) 碰觸有問題關節時，會將腳抽走 ▶ **重新評估止痛計畫**
3	1) 害怕、激動或有侵略性 2) 避免和人及環境有互動 3) 會舔拭或專注在可能疼痛的區域	1) 站姿異常 2) 行走時有問題的腳不負重 3) 改變身體姿勢來保護疼痛區域	1) 中度身體緊繃 2) 接受遠離有問題肢體的碰觸 3) 碰觸有問題的關節時，會吠叫或變得有侵略性 ▶ **重新評估止痛計畫**
4	1) 呆滯、鬱悶 2) 對於周邊環境沒有反應 3) 無法忽略疼痛	1) 不願起身，且行走無法超過 5 步 2) 腳完全不負重 3) 休息時明顯不舒服	1) 中重度身體緊繃 2) 因太過疼痛，幾乎無法接受任何碰觸 3) 無法接受關節的碰觸 ▶ **重新評估止痛計畫**

表 2-10-3：狗狗的疼痛評估表。[1]

---

1. 表格來源： Patrice MM, Peter WH, Lori K, Regina ST. Effects of a Pilot Training Program on Veterinary Students' Pain Knowledge, Attitude, and Assessment Skills. J Vet Med Educ. 37(4):358-68。

骨關節炎不可逆的這個概念，雖然我們已經強調很多次，但為了加深這個認知，所以我們一再提及。既然不可逆，這個疾病的治療就會朝**預防**以及**控制**兩個大方向行進。

█ 治療骨關節炎究竟該怎麼做？

小動物骨關節炎的預防，其實就是發育異常的早期診斷及治療；而骨關節炎的控制，就是一門複雜的大學問了。骨關節炎的控制，大致上可以分成幾個大目標，包括環境改善、體重控制、疼痛管理以及肌肉強化。

環境改善

人的活動能力不可能一直處於巔峰狀態，所以有一天我們可能也會需要枴杖或輪椅，來完成我們習以為常的路程，甚至當遇上階梯或坡道時，還需要倚靠他人協助。有骨關節炎的狗狗也是如此。所以如何打造一個相對友善的環境，對於狗狗生活品質的維持以及骨關節炎的控制，是非常重要的。例如：散步活動的區域盡量避免過度平滑的路面、在家中的活動範圍鋪上止滑墊、上下活動的區域加上緩坡道或小樓梯，並適度引導練習使用坡道及樓梯等。

由於每個家庭的生活環境都不盡相同，且狗狗的體型有大小差異，因此目前並沒有一個制式的準則讓所有人遵循。建議可以多和復健或骨科獸醫師討論，盡量打造出個人化的骨關節炎病畜友善生活空間。

體重控制

根據 2019 年國際伴侶動物肥胖預防組織（Association for Pet Obesity Prevention）的統計，5,600 萬隻貓及 5,000 萬隻狗中，59.5% 的貓和 55.8% 的狗都是過胖的，而全球大約 80% 的獸醫師跟 68% 的主人正努力在幫他們的病患或伴侶動物減肥，這是國外的一些數據。如何知道伴侶動物的體態？可以參考後面章節的體態評分標準（P.294 Ch5-1）。

在臺灣，其實伴侶動物肥胖的比例也相當高，不論是中大型犬或小型犬皆然，所以體態的控制，對於患有骨關節炎問題的狗狗跟貓咪就更為重要了，肥胖會讓四肢負擔增加，加速骨關節炎惡化的速度，所以必須嚴肅看待體重控制的重要性。

常見的體重控制方式有：減少熱量的攝取、增加運動量、使用低卡 / 低脂的飼料，或使用減肥處方飼料等。其實最有效率的方式是熱量需求的計算，嚴格把關每日的熱量攝取，可以參考下面的公式進行計算。

$$理想體重 (IBW) = \frac{目前體重\ kg \times (100\% - 體脂百分比)}{80\%}$$

$$基礎代謝能量需求 (RER) = 70 \times (IBW)^{0.75}$$

$$保持能量需求 (MER) = RER \times 生活階段因子$$

（減重建議的生活階段因子為 0.8~1.0）

體脂指數 Body fat index				
體脂 (%)	26-35	26-45	46-55	56-65
肋骨 突顯程度	輕度至不顯著	不顯著	不顯著	不顯著
觸摸程度	可感受到	非常難感受到	極度難感受到	無法感受到
脂肪覆蓋程度	中度	厚	非常厚	極度厚
體型 俯視	可看到腰線	無腰線且背擴張	顯著背擴張	極度背擴張
側視	輕微腹部突出	凸出的腹部	顯著腹部凸出	嚴重腹凸
正後側	渾圓外觀	渾圓至方形外觀	方形外觀	方形外觀
尾骨基部 突顯程度	輕度至不顯著	不顯著	不顯著	不顯著
觸摸程度	可感受到	非常難感受到	極度難感受到	無法感受到
尾骨基部脂肪 脂肪覆蓋程度	中度	厚	非常厚	極度厚
脂肪皺褶	無	可能有小皺褶	小皺褶或皺褶	

表 2-10-4：狗狗的體脂百分比參考 [1]

---

1. 表格來源：Witzel AL, Kirk CA, Henry GA, Toll PW, Brejda JJ, Paetau-Robinson I. Use of a novel morphometric method and body fat index system for estimation of body composition in overweight and obese dogs. J Am Vet Med Assoc. 2014;244(11):1279-128。

在臨床上還有許多必須考量的因子，例如：飲食的內容以及習慣、應該要在多少時間內達到理想體重比較安全、在每個階段的體重適合什麼樣的運動治療強度等，所以還是建議讓復健獸醫師幫助有體重控制問題的狗狗，進行完整的治療規劃。

疼痛管理

疼痛是我們在面對骨關節炎時最該迫切去處理的問題。市面上會有宣稱可減緩疼痛的「保健品」，但這其實要歸咎於動物法規的落後，讓不肖商人可以肆無忌憚散布錯誤的資訊及觀念。在人的法規上，保健品的歸類是食品，因此不能宣稱任何療效（關節保健品亦歸類在其中）。因此，這類保養品的使用時機是在症狀非常輕微或不顯著的時候，和食品一起給予的，並不是當作處方藥物開立給病畜的。退一步想，人在疼痛的時候，會選擇服用止痛藥物還是保養品？

近年在臺灣，有許多動物專用的非固醇類抗發炎藥（Non-steroid anti-inflammatory drugs, NSAIDs）引進，新一代的 NSAIDs 的專一性高，因此對於肝腎負擔及消化道黏膜的影響相對小，能夠長期使用，有效幫助骨關節炎病畜降低疼痛。

多硫化糖胺聚醣（Polysulfated glycosaminoglycan, PSGAG）這類軟骨修飾的藥物的使用，則可以幫助降低炎症及疼痛。

也可以藉由物理治療的方式，如理療用雷射治療、電療、理療用超音波或震波治療，配合適當的徒手治療，協助病患降低整體關節的不適，並維持一定的關節活動度，增進整體的肢體功能。

所以我們知道，在骨關節炎的疼痛管理不是一個單方，而是一個複合式的管理。從多種不同途徑作用的止痛藥物、軟骨修飾性的藥物到物理治療等，有些情況下甚至可以配合針灸的方式幫助紓緩疼痛。

肌肉強化

在許多老犬的網路社團中，最常見的建議就是：「你的狗有關節炎，帶牠去游泳練肌肉」，這是非常不負責任的，彷彿把狗狗丟下水，肌肉就會長出來。

事實上，一般嬉戲玩水，並不會讓你變成身材勻稱的健美先生，所以同樣的，光是帶狗狗漫無目的嬉戲玩水，是不可能訓練到目標肌群的。常然對健康的狗狗而言，這樣的活動可能沒有實質的傷害性，但是對於有問題的狗狗，沒經過適當評估，就進行不當強度的活動，可能會讓整體的狀況更糟糕。肆意建議的網友並不會為你家的寵物負責。

強健的肌肉能夠減輕整體關節的負擔是無庸置疑的，因此，才會在疼痛管理得宜的情況下，階段性進行合適的運動治療以及水療。如此才能夠有效的針對目標肌群做訓練，進而達到肌肉強度維持或增進的目標。

骨關節炎的治療其實是一種生活習慣的重新建立。習慣在止滑的地面活動、習慣每天固定攝取適量卡路里的飲食、習慣每天進行緩和的運動治療、習慣每 2 週做一次疼痛評估，或習慣每週進行一次水療等，藉由這樣個人化習慣的建立，才能夠有效且穩定的控制狗狗的骨關節炎，維持良好的生活品質。

別把骨折想簡單了！骨折不只是骨頭的事

般我們對於骨折的認知，就是「骨頭斷了」！所以把骨頭接回去是最直觀的治療方式，但其實多數人忽略了包覆在骨頭外的軟組織，也就是肌肉、肌腱、韌帶、血管以及神經等，對於肢體的功能性來說，和骨頭一樣重要。

正所謂唇亡齒寒，當受到外來撞擊，造成骨頭斷裂，其實包覆在外的軟組織也受到同樣強度的傷害。因此，即便骨折手術固定完成，後續仍需要一定的時間護理跟復健，才能夠將受損的肢體功能，漸進訓練到較佳的狀態。

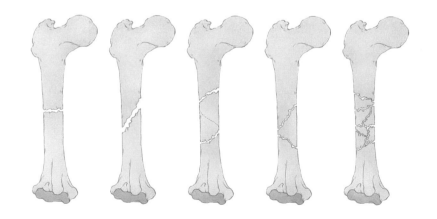

圖 2-11-1 常見骨折類型示意圖：
橫向、斜面、螺旋形、複雜性（可復位）、複雜性（不可復位）。

▍骨折治療就是接起來（復位固定）而已嗎？

其實復位也是一門很大的學問，牽涉到很多問題。非常簡化的說，如果是單一斷面的簡單骨折，我們要做的事情就是把骨頭的斷面拼回去，是解剖學上的復位。但如果今天我們面對的是粉碎性骨折，且有骨頭缺損的情形，解剖學上的復位就不可能了，所以骨折的治療其實並沒有這麼簡單。

在人的骨折治療上，醫師與病人之間是可以互相溝通的，所以病人能讓患肢少動、不動或盡量不負重等，因此人的骨折治療，一般使用的固定強度都比動物來得相對弱，常可用打石膏等方式進行治療。動物則無法完全限制活動、減少使用患肢，這樣的情況下，正確且強而有力的骨折固定，是小動物骨折治療的根本。

因此，在擬定骨折修復固定手術計畫時，大概就 90% 決定了這個固定是否會成功。目前全世界的骨折治療建議，都是遵循國際內固定學會(AO)準則 [1]，在獸醫領域則是成立 AOVET，在世界各地定期舉辦小動物骨折修復課程，進行紮實的骨外科培訓，因此多數擁有認證的外科醫師，都有能力擬定良好的骨折固定手術計畫。

圖 2-11-2：
國際內固定協會獸醫（AOVET）的標誌。

---

1. AO Foundation（AO 是德文 Arbeitsgemeinschaft für Osteosynthesefragen 縮寫），目前是全球規模最大的骨科創傷國際學會。

▌骨折手術之後，有什麼需要注意？

骨折治療不是手術完就結束了，術後照護也是同等重要。暫時必須嚴格限制運動，因爲骨組織修復需要比較長的時間，因此骨折手術後，大致可以將復原期區分成幾個階段，分別是：不動期、恢復期、穩定期和強化期。每個個體受傷的程度不一樣，每個時期的時間長短也都會有差別，但就一般而言，可以依照以下時間區分：

⁑ 不動期

大約是手術後的 2 至 4 天，目的是控制疼痛、減少患處發炎腫脹、適度進行被動或主動關節活動。

⁑ 恢復期

一般是在術後 14 天內，手術傷口及周邊軟組織已大致恢復，這個時期的治療重點在於持續疼痛管控、維持正常的關節活動角度、讓患肢在安全的情況下開始增加負重，將肌肉萎縮的情況最小化。

⁑ 穩定期

則是術後 8 週內，在這個時期最重要的是疼痛最小化。而病患在正常行走時，可以將跛行的狀況控制在最輕微，維持肌肉強度及肌肉量。

⁑ 強化期

通常在術後 6 個月內，若復健獸醫師或骨科醫師多次評估恢復狀況穩定，可以逐步增強病患的運動治療強度。在這個時期可以

利用多種不同的運動治療方式來達到強化患肢肌肉強度、耐力及肌肉量等目的，盡量使患肢的整體功能達到正常的狀態。

▋ 骨折治療之後一定會恢復？

必須要有的觀念是，我們在這邊談到的骨折治療整體過程，是非常理想化的，並不是所有的骨折都能夠完全恢復功能性。例如在治療過程中，發生醫師最不樂見的併發症，如感染、固定失敗（復位困難或植入物強度不夠）、骨不癒合、骨癒合不良、股四頭肌攣縮等，都會導致最終治療的結果不盡理想。

而所有的骨折治療當中，又以嚴重的開放性骨折最為困難。通常，除了骨頭受損之外，肌肉、肌腱、血管以及神經損害也會非常嚴重。因此有時候即便感染控制了、骨頭癒合了，但肢體功能性仍可能完全喪失。而這類型的病患，多數在最後必須面臨截肢的抉擇。

骨折的完整治療是非常複雜的學問，所以骨折後的復健更是復健獸醫師的一大挑戰。因此臨床上，復健獸醫師需要經過完整的術後評估，才能夠依照各個不同復原期的需要，去擬定安全、合適且有效率的復健治療計畫。

肌肉疼痛不簡單！認識肌筋膜疼痛症候群

臨床上大家常常聽到「拉傷」或「腳扭傷」的診斷，其實就是在排除骨頭本身及關節問題後，獸醫師們給出比較容易理解的簡單診斷。再稍微仔細一點說，可能泛指肌肉本身受傷、肌腱受傷或者是韌帶受傷等。

———————

肌肉等軟組織造成的跛行或疼痛，在小動物中其實非常難以診斷，因為狗狗無法精確告知我們疼痛或痠痛的位置在哪邊，所以肌筋膜疼痛，在狗狗並非不存在，而是鮮少被診斷跟治療。

肌筋膜疼痛症候群在人的醫療中，已經至少有 80 年的歷史。近 20 年由於小動物復健醫學的發展，慢慢也受到重視，相關疾病的研究跟診斷也越來越多，相信在不久的未來，針對肌筋膜疼痛症候群的治療會更為普及，帶給狗狗良好的生活品質以及運動功能。

▌造成肌筋膜疼痛的原因是什麼？

有時和急性損傷有關，但多數是因為低強度、持續性的肌肉收縮所導致。例如狗狗後肢的髂腰肌扭傷，常可見於運動量大的工作犬或髖關節發育不全的狗狗，臨床症狀的表現多為可負重的跛行，在做髂腰肌伸展或直接觸診肌腱接著處時，會有明顯的疼痛反應。

另外，由於髖關節發育不全的狗狗四肢負重會前移，可能導致背部
肌群長期的低強度持續收縮，因此，在這類的狗狗背部常能發現許
多壓痛點。而在其他骨關節疾病或退化性關節炎，或是沒有良好止
痛跟積極復健的骨科手術後的狗狗，由於在站立或行走時，會代償
的保護不舒服或疼痛的關節，就容易導致特定肌群的低強度持續收
縮，最終引起壓痛點。常見的位置有髂腰肌、縫匠肌或股直肌等。

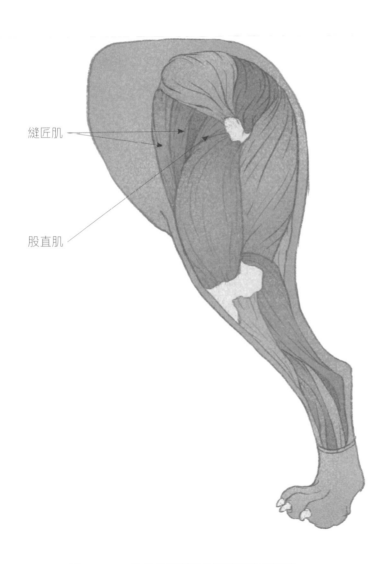

縫匠肌

股直肌

圖 2-12-1：狗狗後腳常見的肌筋膜疼痛肌群。

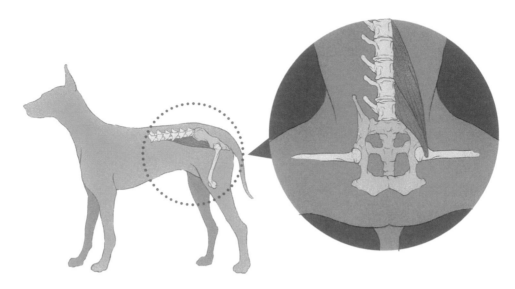

圖 2-12-2：狗狗的髂腰肌示意。

肌筋膜疼痛症候群永遠和受影響的肌肉中緊繃的肌束（Taut band）有關。當肌凝蛋白和肌動蛋白處於收縮的狀態下被固定住，會形成壓痛點（Trigger point），而在緊繃的肌束中會通常會有數個壓痛點，造成部分的運動功能喪失，並且產生慢性疼痛。

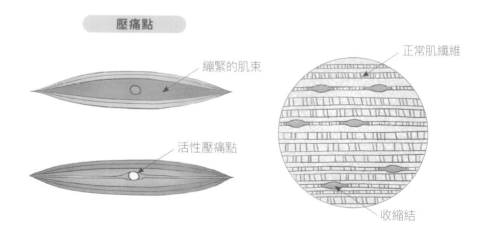

圖 2-12-3：壓痛點示意圖，緊繃的肌束中有數個壓痛點。

▌ 肌筋膜疼痛症候群如何診斷？

肌筋膜疼痛症候群的診斷並不容易，必須排除其他可能的骨科或神經性疾病後，配合有經驗的骨科或復健科獸醫師，重複進行骨科理學檢查，區別正常肌束的觸感和緊繃肌束的差異，並適度觀察狗狗，是否有叫或跑開等疼痛反應。

▌ 肌筋膜疼痛症候群如何治療？

目前針對壓痛點的治療，依照部位、區域、嚴重程度的不同，有不同的方式。簡單來說，急性的問題多數可在 2 至 4 週內將狀況穩定下來，但慢性問題可能需要幾個階段的治療，才能漸漸讓症狀緩解，常常需要 8 至 12 週，甚至更長的時間。

在小動物復健治療的現況，多用針灸、電療、雷射治療、徒手治療以及震波治療等方式，幫助紓緩筋肌膜疼痛。而適合以什麼樣的方式治療，必須諮詢專業的骨科或復健科獸醫師，做好診斷跟完整的治療規劃，不建議輕易自行嘗試。

不可忽視的「該邊」疼痛：髂腰肌急性或慢性扭傷

因為短時間內的活動強度大，急性髂腰肌扭傷在運動犬或工作犬中尤爲常見。但多數狗狗則因慢性或重複性的微創傷傷害，如：神經性、骨關節、後背疼痛、髖關節疼痛或膝關節問題等，造成慢性髂腰肌扭傷。

———————

根據 2017 年的一篇研究報告，大約有 32% 的狗狗會有間歇性後肢跛行的情況，而其中不等程度的髂腰肌扭傷比例佔 53%，由此可見，這類骨骼肌扭傷造成的跛行並不少見。

圖 2-13-1：運動犬。

▌ 髂腰肌究竟在哪邊呢？

髂腰肌的解剖位置可以參考圖 2-13-2，相當於人的「該邊」。而最容易發生慢性病變或急性傷害的位置，則位於肌腱接著處，也就是大腿內側股骨小轉節的位置。在觸摸到肌肉本身，造成一定肌肉壓力的情況下，就可能產生不舒服。

另外，由於髂腰肌的主要功能是髖關節的彎曲，因此若髂腰肌有問題，將整個大腿向後伸展呈現伸懶腰的姿勢時，也可能造成疼痛或不舒服。

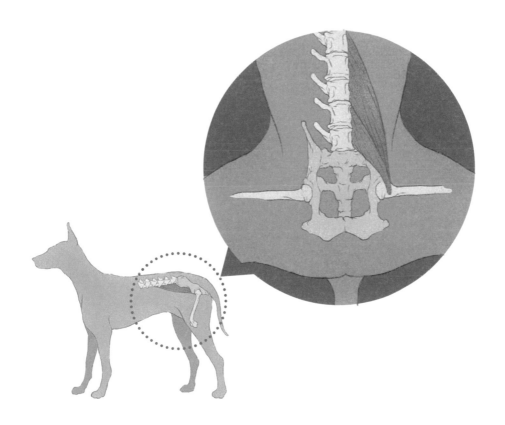

圖 2-13-2：
髂腰肌起始於腰椎橫突及腸骨下緣，終結於股骨內側。

圖 2-13-3：當後肢向後伸展時，會拉緊髂腰肌。

▊ 哪些是常見的危險因子？

即使是肌肉非常強健的運動型犬種，發生這類問題的機率也相當普遍，所以如果同時有其他膝蓋或者髖關節的骨科疾病，造成長期行動姿勢不良，則更容易讓這類的肌肉肌腱疾病發生。

目前，多數骨科及復健科獸醫師的共識認為，髂腰肌的問題多數是繼發性的，所以任何可能造成長期行走姿勢異常的原因，都可能是它的危險因子。大致上可以區分成**疾病因子**、**環境因子**以及**其他因子**。

疾病因子就是我們在書裡一再強調的幾種常見骨科疾病，包括了膝蓋骨異位、前十字韌帶斷裂、膝關節慢性關節炎、髖關節發育不全、髖關節慢性關節炎以及中大型犬的腰薦關節問題等。

由單一**環境因子**而導致的髂腰肌問題的可能性並不高，但環境可能加速疾病因子對於髂腰肌的影響，比較常見的環境問題，包括：地板過滑、狗狗喜愛藏匿於床下或椅子下等。

除了疾病因子跟環境因子之外，還有**其他因子**可能增加髂腰肌問題的風險，如：高強度的運動過度或急性運動傷害等。

從這些危險因子中，我們可以知道一個非常重要的觀念：除了治療髂腰肌的問題外，也必須確認狗狗是否存在著主要的疾病因子、環境因子和其他因子，這和治療的成效以及復發的機率息息相關。

▌ 有那些常見的臨床症狀呢？

依照肌肉肌腱不等程度的受傷，會有不同的臨床症狀。從輕度的站姿負重不均或出現可以負重的間歇性跛行，嚴重到間歇性不負重的跛行等。關於跛行可以參考 P.45 的 5 個常見的跛行步態。

另外如果發現狗狗不願意上樓梯或走上坡、走路時後腳抬起的幅度下降，甚至輕微拖行，是因為這些動作都會增加髂腰肌的收縮負擔，引起疼痛或不舒服。

▌ 怎麼確定狗狗是「該邊」這條肌肉疼痛？

骨科理學檢查及基本神經學檢查

經由這些檢查，可以排除掉其他骨關節或神經問題，藉由直接觸診或伸展髂腰肌確認是否有疼痛反應。

基本 X 光檢查

可由此知道，狗狗是否同時有其他骨關節疾病，以及肌腱韌帶接著處是否有鈣化等退行性病變。

進階檢查

如核磁共振，除了可以幫助診斷外，亦能夠區別是否有腰薦關節的問題。

診斷性超音波

是目前最合適方便的診斷工具。除了能夠直接判斷肌肉和肌腱的損傷狀況，亦可以依其影像變化，分級和判讀急性慢性的變化。

▍治療上有什麼建議呢？

輕度的髂腰肌扭傷，對於非類固醇的消炎止痛藥物和保守治療的反應非常顯著。輕中度或中度的髂腰肌扭傷，則可能需要 10 至 12 週的復健治療，同時使用治療性雷射、震波或局部注射 PRP 等方式，幫助肌腱修復。

其實，從危險因子我們可以知道，許多潛在的骨關節疾病是誘發髂腰肌扭傷的元凶，因此早期篩檢並治療控制這些潛在骨關節疾病，可以避免反覆或慢性髂腰肌扭傷所帶來的不適或功能性影響。

另外，規律及良好的運動習慣，維持後肢肌力和肌耐力的強度，也能夠有效避免髂腰肌扭傷的風險。

後悔莫及的肌肉僵化！認識股四頭肌攣縮

在許多股骨（大腿骨）骨折的併發症中，最令人聞風喪膽的，就是**股四頭肌攣縮**，因為一旦發生這個情況，通常是不可逆的疾病，會造成股四頭肌功能永久性喪失！

─────────

當臨床上遇到這樣的病患，常常讓復健獸醫師感到無力。因此，希望讓大家了解造成股四頭肌攣縮的危險因子，盡量避免這樣的憾事發生。

▌什麼是股四頭肌攣縮？

股四頭肌是後腿最主要的伸肌群，不但主導了後肢的支撐力量，更連接了膝蓋骨，直達脛骨粗隆。股四頭肌攣縮最終會導致髖關節、膝關節和踝關節同時喪失可動性，隨著關節喪失可動性的時間增加，進而引發關節軟骨壞死和關節囊攣縮等不可逆的變化。

具象一點形容，就像有人持續用電流刺激你的大腿肌肉，讓肌肉永遠無法再放鬆，因此行走的時候，肌肉攣縮的後腿就像拐杖一樣僵硬，寸步難行。

▍ 股四頭肌攣縮的具體表現是什麼？

外觀上，依照不同的攣縮程度，狗狗後腳會呈現不等程度的僵直或向前彎曲，如圖 2-14-1。

從解剖學的觀點來看，獸醫師如何確認狗狗究竟有沒有股四頭肌攣縮的問題？觸診時，可以發現膝關節及踝關節過度伸展、大腿前側

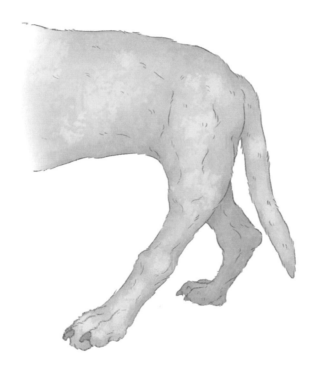

圖 2-14-1：股四頭肌攣縮示意圖。

肌肉呈現嚴重萎縮的狀態、膝蓋骨處於高位（膝蓋骨不在正常滑車溝內）等。若再更嚴重，會伴隨有膝蓋骨脫位和髖關節脫位的情況。這些情況其實對於後腳整體功能的影響，是非常劇烈的！

▌ 有哪些危險因子？

了解可能造成的危險因子是非常重要的，如此我們才能盡量避免股四頭肌攣縮發生的機會。在所有年紀都可能會產生股四頭肌攣縮的問題，只要有失敗或不穩定的骨折內固定、以包紮的方式治療股骨骨折、骨折因為疼痛或外固定，導致膝關節持續伸展、或太晚開始進行復健治療等，綜合起來就會增加股四頭肌攣縮的風險。另外在幼犬中，原蟲感染、發生股骨中段或遠端的骨折，也是股四頭肌攣縮的高危險因子。

▌ 該怎麼治療股四頭肌攣縮？

如前面所述，股四頭肌攣縮是一個不可逆的變化，是肌肉組織和骨

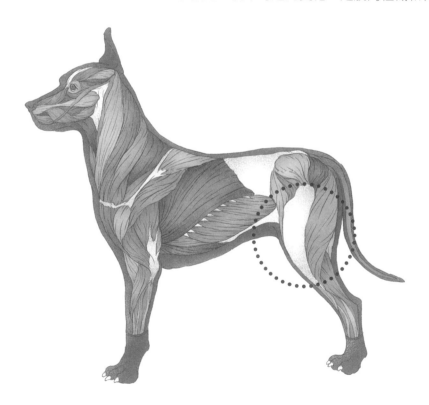

圖 2-14-2：股四頭肌攣縮解剖示意圖，圈起處為股四頭肌的位置。

痂或其他肌肉沾黏、纖維化的結果。有些輕微的個案可以用手術方
式清除，或鬆開纖維化與沾黏的位置，再配合長時間**非常積極的**復
健治療，能稍微恢復部分關節可動性，但後腳功能性仍然會不佳。
因此，預防股四頭肌攣縮的發生就是最好的治療。

▋ 如何預防股四頭肌攣縮？

除了避免上述的危險因子之外，在術後必須立即開始積極的復健治
療。這樣的復健，通常比較具有挑戰性跟風險，因此建議都由受過
專業訓練的復健師或復健獸醫師來進行，較為安全而有效率。

復健的內容包含：初期的按摩、雷射治療、適度被動關節活動，以
及後期的運動治療和水療等。

[獸醫師的小叮嚀]

幼年骨折術後復健是非常重要的，未及時復健

可能導致嚴重股四頭肌攣縮而失去功能。

貓咪沒受傷也會骨折？認識股骨頭骨骺滑脫症

在「沒有任何創傷病史」的前提下，貓咪出現單側或雙側的股骨頭股骺端，從股骨近端幹骺生長板滑脫或骨折的情形，稱為「貓的股骨頭骨骺滑脫症」(Slipped capital femoral epiphysis, SCFE)，又稱為貓股骨頭發育不全症候群，或自發性的股骨頭骨折。

———————

因為出於解剖專有名詞，疾病的名字聽起來很複雜。其實只要記得，就是「貓咪自發性的股骨頭骨折」就可以了。在此我們必須要知道的是，SCFE 與因創傷造成的骨折是不同的。

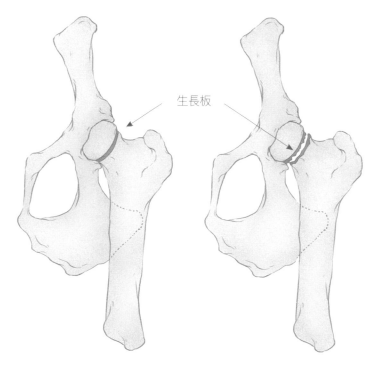

生長板

圖 2-15-1 生長板發育不全，並與下方的股骨頸位置錯開。

貓的股骨頭骨骺滑脫症以下簡稱 SCFE。雖然最終都是形成一樣的病灶，但與 Ch2-3 中提及的生長板骨折，病因是不一樣的。SCFE 隨著疾病進展，發育不全的生長板會沒辦法承受力量，所以使得股骨頸分離，而後產生骨頭重塑及骨硬化等退行性變化。

基因、肥胖、內分泌失調、絕育時間都會影響疾病的發生率。於 1999 至 2015 年之間的研究結果指出，SCFE 好發於年輕已絕育的肥胖公貓，尤其是早期絕育（6 至 7 月齡前），常見於暹羅貓、緬因貓、國內短毛貓等。2015 年的報告指出，緬因貓發生率更高達 58%，為其他品種發生率（0.67%）的 12 倍左右。部分緬因貓，更有高達 40% 為雙側皆患有 SCFE。由以上論述可以知道，特定品種的貓咪，要更注意絕育時間以及體態控制。

	貓的股骨頭骨骺滑脫症 SCFE	生長板骨折 Salter-Harris Type I
病因	生長板發育不良	創傷
發生位置	常為雙側（佔 19 至 40%） 一側先發生，另一側較晚發生	多為單側
症狀出現時間	慢性（症狀越來越嚴重）	急性

表 2-15-1：SCFE 與生長板骨折之比較。

圖 2-15-2：緬因貓。

圖 2-15-3：暹羅貓。

▌ 貓咪股骨頭骨骺滑脫症 Q & A

Q1: **貓咪後腳有點無力、跳不太起來，有可能得 SCFE 嗎？**

A: 首先想一下，貓咪是否為好發品種？有沒有任何的創傷記錄？年紀是否在 2 歲齡以下？

如果皆符合以上條件，並且出現：後腳無力、跳不起來、跛行、輕拉後腳時有明顯疼痛，或是後腳的肌肉有嚴重萎縮的症狀，在 2 週內疼痛反應越來越明顯，疼痛指數達到 4 分制的 3 分到 4 分左右，（參照 P48，表 1-3-1：簡易跛行評分表），建議要帶至獸醫院請獸醫師做檢查。

Q2: **檢查會包含哪些項目呢？**

A: 獸醫師會根據病史及骨科學檢查，配合拍攝仰躺姿或蛙腿姿的髖關節 X 光，看股骨頭部分的相對位置及骨質是否有異常。在影像學變化不大的初期，如懷疑爲 SCFE，則會間隔 1 至 2 週再重複拍攝，嚴重時可見到股骨頸骨溶解或骨質增生等情形，慢性病例尤爲常見。

Q3: **SCFE 的治療選項有哪些？**

A: SCFE 不建議使用保守療法或內科治療，因爲骨質溶解或骨質增生，最終都將會導致後肢的功能嚴重下降，所以治療方式以外科手術爲主。剛發生骨折的前 3 至 4 天，可使用骨釘將脫落部分復位。但就 SCFE 而言，復位後發育不良的生長板也無法恢復正常。爲維持最佳的肢體功能，股骨頭頸切除手術或人工髖關節置換會是較好的選擇。但要知道的是，通常患有 SCFE 的貓咪，多半伴隨後肢肌肉的萎縮，所以手術後的復健是非常重要的。

最後要提醒大家的是，不建議過早（6 至 7 月齡以前）將公貓絕育。過早絕育可能嚴重影響生長板關閉時間，容易發生股骨頭骨骺滑脫症（SCFE）。

摺耳貓的骨軟骨發育不全

看見摺耳貓，大家總是會驚呼：「好可愛！」但是，你知道牠們那可愛的模樣，背後其實深受著疾病所苦嗎？

———————

不同於一般貓咪，蘇格蘭摺耳貓（Scottish fold cat）因為基因突變，在耳朵軟骨部分產生一個摺，使耳朵向前曲折。最早於 1961 年在蘇格蘭的一個農場中發現，一隻名為 Susie 的白色長毛貓，耳朵翻捲著，模樣與其他貓咪不同，發現者便以其翻捲耳的遺傳性徵取名為摺耳貓，而後在遺傳學家的協助下，摺耳貓這個新品種開始被大量繁殖。但是，因該品種嚴重的骨變形問題，在 1974 年陸續被英國及法國等貓國際協會除名並禁止繁殖。

圖 2-16-1：摺耳的貓咪一定會出現骨軟骨發育不全（Osteochondrodysplasia）。摺耳特徵為一種自體顯性遺傳基因（Fd）所致，會造成全身的軟骨發育異常。

▌「摺耳」跟「軟骨」間的關係

說明這個複雜的關係之前，我們先來認識軟骨。在成年動物中，軟骨除了形成支持外耳的構造外，軟骨也會和骨頭相連形成關節。其平滑的表面，能夠讓關節在活動過程中順暢，不產生疼痛。

在幼年動物骨頭生長的過程中，胚胎的骨骼會先形成軟骨，而後再逐漸被骨組織取代。四肢長骨在增長的過程中，仰賴長骨兩端特化的軟骨，也就是生長板。生長板增長後，逐漸被骨組織取代，稱為骨內軟骨骨化過程。可想而知，當軟骨發育不全，整個過程就會受到影響，而無法形成正常骨頭及關節結構。

摺耳的顯性特徵，最早可在 3 至 4 週齡就看到。因為軟骨發育不正常，沒辦法良好的支撐耳朵的重量，便會向前曲折。

摺耳特徵為一種自體顯性遺傳基因（Fd）。顯性遺傳的意思是：一對基因中，只要帶有一個顯性基因，決定的性狀就會表現出來。以人體來說，雙眼皮就是一種顯性遺傳。當貓咪出現摺耳時，代表帶有該基因，而該基因會造成全身性的骨軟骨發育不全。

▌只要出現摺耳就一定會有嚴重疾病嗎？

答案基本是肯定的。摺耳外觀＝具有 Fd 自體顯性基因＝骨軟骨發育不全。但異常基因的數量，會影響疾病的嚴重程度以及疾病進展的快慢。可分爲以下 2 種情況：

🐾 同型合子 (Fd/Fd)

最早於 7 週齡就出現如圖 2-16-2 的關節炎變化。若症狀嚴重且很早就出現，滿 6 月齡就可觸診到異常的踝、跗關節增生。

🐾 異型合子 (Fd/fd)

疾病進程較爲緩慢，多在 6 月齡後，X 光片下才出現變化。症狀因個體而異、程度不一，有少數貓咪症狀是較輕微的。

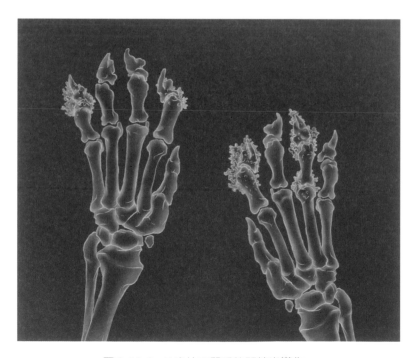

圖 2-16-2：X 光片下嚴重的關節炎變化。

▌ 爲什麼會造成疼痛呢？

骨軟骨發育不全，除了明顯的摺耳性徵外，也會影響四肢骨、脊椎、尾骨，使得骨變形及產生嚴重的骨關節炎。外觀上，最常見的異常則爲：厚短且不靈活的尾巴、尾骨變短、變寬且融合在一起、四肢較短、外展而且變形，尤其是腕、踝關節及趾骨。

隨著時間，這些關節會產生骨關節炎及大量骨贅生物，使得關節發炎更爲嚴重，導致關節黏連、僵化，最終四肢變形。臨床症狀可見跛行、腫脹的關節、異常的步態、不願或無法跳高、蜷縮爬行；嚴重的情況下，甚至無法行走，並且飽受疼痛所苦。

▌ 有什麼治療方式嗎？

至今仍未有治癒的方式，患病的貓咪終生需承受不等程度的疼痛。終生給予止痛藥物以及軟骨保護劑，雖然可以幫助緩解疼痛，但是長期服用止痛藥物，也會產生其他副作用，如肝腎等負擔。在某些病例可採用外科或放射線移除骨贅生物，減緩疼痛。

但基於動物福祉的考量，早期即出現嚴重症狀的貓咪，醫師會建議安樂死，免除剩餘貓生必須承受的痛苦。

不繁殖任何摺耳品種貓咪，是目前最有效控制遺傳疾病的方式。

圖 2-16-3：發病的摺耳貓。

▌ 如果家中有摺耳貓，該怎麼辦？

不論家中貓齡多少，首先會建議先至獸醫院做評估，評估目前骨軟骨發育不全影響的程度、是否有嚴重變形、骨關節炎嚴重程度，與貓咪的疼痛程度及活動情形。

注意體重及環境控制，最重要的事情是**制定一個長期的計畫**。包含回診追蹤時間、疼痛控管、復健及居家環境改善計畫，這樣才能有效幫助貓咪，改善與提升生活品質及疼痛管理。

NOTE

牠不老，只是關節在隱隱作痛！貓咪的骨關節炎

貓咪天生就呈現比較慵懶的姿態，不像狗狗，不論到了幾歲都還是活蹦亂跳的，所以當貓咪患有骨關節炎疼痛時，更難被飼主們發現。

─────────────

你知道嗎？根據研究資料顯示，貓咪的退化性關節炎盛行率，大概可達 8 成左右。研究中，將 6 月齡至 20 歲齡的貓咪，挑選 100 隻進行分組，針對各個關節及脊椎進行疼痛評估與拍攝 X 光片，結果顯示，在 90% 的貓咪中，有至少 1 個關節，出現骨關節炎的變化(且平均有 5 個關節受到影響)；50% 的貓咪則在脊椎至少有 2 處會出現變化。

由以上結果我們可以知道，不論幼貓或老貓，雖然沒有出現明顯症狀，但實際上身體多處已經開始有骨關節炎的變化了。

▌ 貓咪的骨關節炎是怎麼來的呢？

貓咪的骨關節炎，可分爲原發及繼發性。

原發性或自發性的骨關節炎

是因年紀增長，使得軟骨產生磨損退化的過程。

繼發性的骨關節炎

是先有其他關節疾病出現，例如創傷、關節不穩定、關

節發育不良、感染、免疫調節等，之後才出現骨關節炎的變化。

軟骨本身並沒有神經分佈，〈Ch2-10：狗退化性關節炎（骨關節炎）＝自然老化？〉提過，骨關節炎產生的病理機制（參照 P.113）與疼痛，來自於關節軟骨被破壞後，伴隨而來的滑液囊炎及軟骨下骨的變化。

不論是狗狗或貓咪，產生骨關節炎的病理機制是一樣的，只是貓咪疾病進展的速度比較慢。

■ 貓的骨關節疾病該怎麼診斷？

身為貓咪飼主的你，在診斷中是非常重要的角色。因為貓咪在家中放鬆的環境下，較容易觀察到步態及姿態的變化，所以我們可在家中先以影像記錄貓咪日常活動，（記錄方式可參照 P.40 Ch1-3：〈居家跛行評分及常見跛行姿勢步態〉），並與獸醫師討論貓咪平常

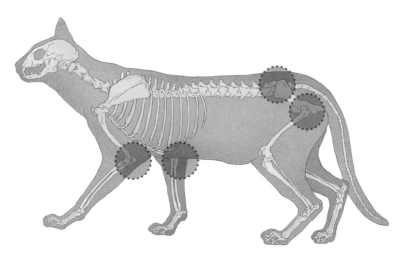

圖 2-17-1：

12 歲齡以上的老貓，最常發生退化性關節炎的位置，為脊椎及四肢關節。最常造成明顯疼痛的退化性關節疾病位置，為腰薦關節和肘關節。

的活動習慣，獸醫師能根據貓咪的習性，設計專屬於這隻貓咪的評分表。常用來評估活動能力的項目有：

- 跑、跳、跳高或跳低的能力與高度
- 休息時起身的姿態
- 是否願意追逐東西
- 爬上爬下樓梯的意願
- 是否願意與其他寵物玩
- 是否願意玩玩具
- 能否伸展身體、覆蓋貓砂和理毛
- 是否願意被抱及被抱時的反應，與飼主間的互動

一般會選擇 3 或 4 項，根據程度讓飼主做評分，越嚴重則分數越高。飼主在家中觀察的評分記錄，能夠協助獸醫師評估貓咪治療前後的變化。除了上述的居家評分之外，還需配合獸醫師進行詳細的骨科學檢查。

貓咪的骨科學檢查，目標是要找出疼痛或功能下降的位置、評估疾病進程，通常不是很容易進行，要有耐心去反覆評估。另外，放射學檢查也是非常重要的，可以協助獸醫師們找出貓咪有退化性關節變化的位置，但臨床上獸醫師會根據貓咪情況，判斷是否需做血液學、尿液學或關節穿刺等其他檢查來幫助診斷。

▌ 骨關節炎該怎麼治療？

很多時候，雖然影像上已經出現退行性的變化，卻不一定有明顯疼

痛，但這不代表可以忽視這個疾病的存在。貓的骨關節炎仍然建議從早期就開始進行治療及控制，可以從幾個方面著手：

環境的改善

飼主要知道貓咪的生活環境必須被控制。藉由環境的改善，讓貓咪能夠方便取得所有生活所需，例如提供階梯，讓貓咪可方便取得食物、飲水和貓砂盆。當然，環境的豐富化也能夠讓貓咪降低心理上對疼痛的敏感程度。

飲食及體態管理

關節負擔過度，容易加速疾病的惡化，因此**控制體重**是和退化性關節炎和平共存的不二法門。所以，飲食的熱量必須要錙銖必較才行。另外，建議增添 omega-3 脂肪酸於日常飲食中，可以有效幫助降低關節的炎症反應。

關節保健品

目前田納西大學獸醫學院針對骨關節炎的治療，仍然建議可以持續補充關節保健品，而成分會以葡萄糖胺、硫化軟骨素為主。

疼痛管理

疼痛管理為合併的多種治療方式，如給予止痛藥物、四級雷射治療、運動治療、徒手治療及電療等等，都能夠達到紓緩疼痛的效果。在過去，能夠安全使用在貓咪的止痛藥物很少，而且副作用大，不過現在市面上已有貓咪專用的止痛藥物可以使用。給予方便、副作用低，在歐美國家針對貓咪骨關節炎的疼痛控制上都有相當不錯的成效，能有效增進貓咪的生活品質。

3

狗貓常見的
癱瘓原因

常在網路社團上看到發問：「我的狗狗癱瘓了！怎麼辦？！」狗狗貓咪出現癱瘓的原因有很多種，包括神經系統疾病、脊髓損傷、中樞神經系統問題、代謝性疾病、感染等，在沒有親身檢查跟診斷的情況下，很難給出有幫助的實質建議，在接下來的章節，我們將詳細地介紹一些常見的癱瘓原因，以及比較容易有癱瘓問題的品種，希望能幫助讀者更好地理解和識別可能影響寵物行動能力的因素。

你不知道的短腿狗秘密基因：短腿犬種的脊椎問題

大部分的人認為臘腸犬的脊椎問題，是來自於過長的脊椎。但實際上牠們的脊椎長度（背長）是正常的，只是擁有比較短的腿。而究竟這些短腿狗的脊椎中，藏有哪些基因的秘密呢？

———————

臘腸犬的短腿，來自於一種特別的侏儒症，學術上稱為**軟骨發育不全侏儒症**。常見的犬種有臘腸犬、柯基犬、巴吉度犬、西施犬等等。不同品種的短腿程度也不一樣，如法國鬥牛犬、米格魯犬，也都屬於軟骨發育不全的犬種，只是它們的腿長相對來說比較接近正常。

大約在 4,000 年前，就發現有短腿的狗狗出現，我們的祖先可能認為短腿的狗狗有其用途，所以在育種時就保留了這樣的短腿特徵。而造成短腿的主因，來自於基因的特異突變。如圖 3-1-2，染色體上多了一對或以上的 FGF4 基因，多出來的基因，複製後出現在錯誤的位置。

而 FGF4 的基因，主宰解譯某個負責調節四肢長骨生長的蛋白質，當狗狗多了一對 FGF4 基因，會使得骨頭在還沒生長到正常長度時便停止，所以形成短腿。不幸的是，這樣的基因變異，不只造成短腿的特徵，同樣造成脊椎間負責吸震、緩衝的椎間盤也產生變異。

圖 3-1-1：由左至右，西施犬、法國鬥牛犬、臘腸犬、柯基犬。

正常狗狗的染色體共有 39 對，除了性染色體外，同對染色體上有
相同的兩個基因。所有的狗種，在第 18 對染色體上，都有 FGF4
基因。狗狗演化過程中，FGF4 基因複製後，重複插入了一對的
FGF4 基因於第 18 對或第 12 對染色體上。FGF4 基因的數目及所
在位置不只影響了腿的長度，同樣也影響了椎間盤突出的風險。

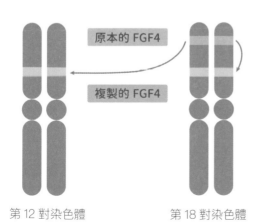

原本的 FGF4

複製的 FGF4

第 12 對染色體　　　　　第 18 對染色體

圖 3-1-2：短腿犬的突變基因。

位置	位於第 12 對	位於第 18 對	位於第 12 對及第 18 對
腿長	短腿	正常	短腿
椎間盤脫出風險	低至中度	中度	非常高
品種	西高地白㹴	法國鬥牛犬 米格魯	臘腸犬 柯基犬

表 3-1-1：多出來的 FGF4 基因。

▌ 椎間盤疾病 Q & A

Q: **我家臘腸犬好可愛，該生？還是不生？**

A: 由前文可以知道，臘腸犬因爲 FGF4 基因變異的關係，除了具有短腿的特徵外，椎間盤疾病的發生率也相當高。不論什麼犬種，椎間盤都會隨著年紀增長而慢慢退化，短腿狗的退化速度更快。正常的椎間盤在 X 光下是看不到的，但若椎間盤退化，形成鈣化或礦物質化，X 光下就會變得明顯。

根據目前的統計資料顯示，臘腸犬鈣化的椎間盤數目越多，椎間盤突出發生的風險則越高。但要知道的是，並不是鈣化的椎間盤數目多，就一定會發生椎間盤突出；就跟抽菸是肺癌的危險因子之一，但並不是菸抽得多的人就一定會得肺癌。

[獸醫師的小叮嚀]

脊椎X光片最佳的篩檢年齡，是介於
2 至 4 歲之間的臘腸犬。

椎間盤疾病是屬於多病因的疾病，除了 FGF4 基因以外，環境控制、適當的運動、體態是否良好等等，都會影響疾病的發生率。其中最值得注意的是，且目前已被證實，**<u>鈣化的椎間盤數目是會遺傳的！</u>**當狗狗的鈣化椎間盤數目越多，生下來的幼犬，也會有同樣的情況。

爲了避免這些可愛的短腿狗狗們受椎間盤疾病所苦，自 2019 年 4 月 1 日起，在丹麥的臘腸犬，必須經過脊椎 X 光片檢查，確認沒有鈣化的椎間盤存在後才能進行繁殖。另外，根據統計，有嚴重椎間盤鈣化(鈣化數目＞5)的臘腸犬，比完全沒有椎間盤鈣化的臘腸犬，椎間盤疾病的發生率高了 11 至 18 倍。

目前也已被證實，透過脊椎 X 光片檢查，能幫助篩檢出椎間盤已鈣化的臘腸犬。所以避免讓這些狗狗繁殖，能夠有效降低臘腸犬的椎間盤疾病發生率。

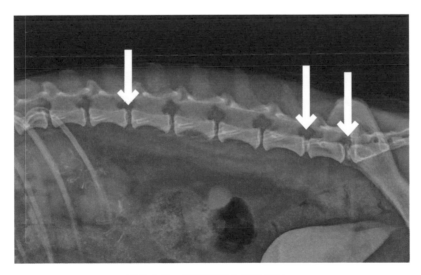

圖 3-1-3：椎間盤鈣化的 X 光片。

臘腸犬、柯基犬必須知道的：什麼是椎間盤疾病？

相信有養臘腸犬的你，一定對「椎間盤疾病」這個名詞不陌生，但你知道這代表什麼意思嗎？

椎間盤疾病 IVDD 全名為 Intervertebral disc disease。而 IVDD 為廣泛的名詞，包含椎間盤退化及椎間盤突出等不同疾病，在小動物身上多半為椎間盤脫出（Herniation），也是造成明顯症狀的主因，所以精確來說，應該稱為 IVDH（Intervertebral disc herniation）。但為方便了解，本篇將會以大眾較熟知的 IVDD 代稱。

────────────

首先我們先來了解椎間盤。椎間盤是位於脊椎中間的軟骨樣構造，主要功能為吸收、緩衝椎體間的壓力，由外層纖維環及中心的髓核所組成。圖 3-2-1 為狗狗正常的脊椎圖，當椎間盤物質離開正常解剖位置，跑至椎管內造成脊髓神經傷害，就會出現不等程度的神經受損症狀。

正常犬種的椎間盤，中心髓核的水分含量較高，髓核會呈現膠狀，保持良好彈性。而在軟骨發育不全犬種，因為基因變異，椎間盤內的髓核組成改變，含水量減少，造成椎

[獸醫師的小叮嚀]

脊椎數目、功用與脊髓神經位置說明可參照 P.34 Ch1-2：〈神經系統〉。

間盤退化，變得較硬、無彈性且容易發生破裂。

椎間盤疾病好發於軟骨發育不良犬種，如前篇我們所提到的短腿犬種（臘腸犬、法國鬥牛犬、英國鬥牛犬、柯基犬、米格魯犬、西施犬等）。然而，就算是正常犬種，椎間盤本身也可能會因年紀增長，而產生逐漸退化的變化，但軟骨發育不良犬種，椎間盤的退化可能早至 4 月齡或 1 歲齡就開始。

此外，當狗狗步入中老年後，進行過於激烈的運動，也可能導致創傷性的椎間盤疾病。下一頁將針對幾個常見的問題幫大家解惑。

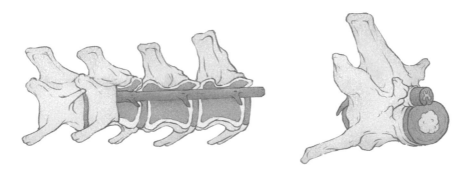

圖 3-2-1：正常狗狗的脊椎解剖圖。

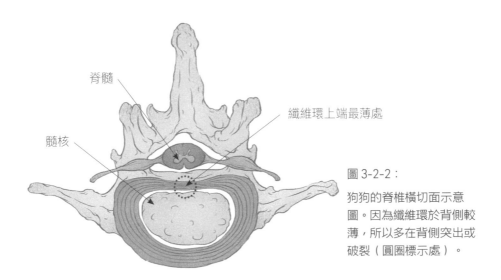

脊髓

纖維環上端最薄處

髓核

圖 3-2-2：
狗狗的脊椎橫切面示意圖。因為纖維環於背側較薄，所以多在背側突出或破裂（圓圈標示處）。

▊ 你知道嗎？其實犬椎間盤疾病不只有兩型

大家常聽到的第一型及第二型椎間盤疾病，是在 1950 年代，
Hansen 等人將已退化的椎間盤，依組織學下的變化，分成
Hansen Type I 及 Type II 兩種類型。近年來，由於進階影像學檢查
的發展，可分爲以下幾種類型：

🐾 Hansen 第一型

主要發生在軟骨發育不全的犬種。1 歲齡前就可能出現椎間盤退
化，在臺灣最常見的就是臘腸犬及柯基犬。第一型的椎間盤疾
病，最大的特徵是急性的椎間盤破出（Extrusion），脫水、鈣化
的已退化椎間盤物質跑到椎管內，造成脊髓嚴重的壓迫。症狀可
能每小時逐漸惡化，必須盡速就醫，進行手術治療。

🐾 Hansen 第二型

可能發生在所有的犬種。隨著年紀增長，椎間盤外圍的纖維環退
化變形，使得椎間盤突出（Protrusion），而造成脊髓壓迫。由成
因可以推斷，此型的椎間盤疾病多數是慢性的突出而造成脊髓壓
迫，但若臨床症狀持續惡化或疼痛無法有效控制，仍會建議積極
的手術治療，但手術的方式和第一型略有差異。

🐾 Hansen 第三型 [1]

也稱爲創傷性椎間盤脫出。定義上它是由**急性非壓迫性物質**所
造成的。

---

1. 目前正名爲**急性非壓迫性髓核脫出** ANNPE，全名爲 Acute noncompressive nucleus
puplosus extrusion。

當椎間盤破裂後，正常的椎間盤物質跑到椎管內，但前文提過，正常的椎間盤物質是含水量極高的膠狀物質，所以本身並不會造成物理性的壓迫，和第一型退化、脫水、鈣化的椎間盤物質完全不一樣。一般是因為高能創傷所造成，症狀從最輕微的疼痛到脊髓軟化都可能發生，症狀在 24 小時內達穩定狀態。

進階影像檢查，如核磁共振，特徵是不會看到有明顯壓迫的椎間盤物質，因此，治療方式與第一型非常不一樣。此型的椎間盤疾病多半不需要外科手術介入，但仍須限制活動、對症治療及積極復健，依據症狀嚴重程度不一，恢復的速度也不一樣。

⫶ 輕微退化的椎間盤脫出 HNPE [2]

和第三型較類似，都是正常或輕微退化的椎間盤物質跑到脊髓腔內，造成不等程度的物理性壓迫。可能發生在所有犬種，尤其是中老年犬。此型需要透過核磁共振檢查進行診斷，才能與其他類型做區別。

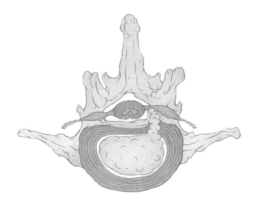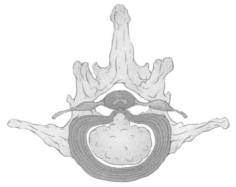

圖 3-2-3：Type I 退化的椎間盤物質，突破外層纖維環，造成脊髓壓迫。

圖 3-2-4：Type II 椎間盤外圍的纖維環退化變形，使得椎間盤突出（Protrusion），而造成脊髓壓迫。

2. Hydrated nucleus pulposus extrusion。

由以上可知道，不同型的 IVDD 症狀與治療方式大相徑庭，所以更需要了解每個分型的差異性。透過適當且正確的影像學檢查，經由獸醫師診斷後，建議適合的治療方式。

▌ 椎間盤疾病 Q&A

Q1: **背痛？後腳無力？ 會出現什麼症狀呢？**

A: 首先要讓飼主們了解，椎間盤疾病常見的症狀有：

- 急性／慢性的背痛或頸部疼痛，症狀出現時，可能伴隨狗狗疼痛尖叫
- 後肢或四肢無力、步態不穩、搖搖晃晃
- 後肢拖行
- 後肢癱瘓
- 後肢對疼痛的反應減弱等

當出現以上症狀時，記得遵照就診前的注意事項，盡速帶毛孩就診。

Q2: **醫師說的四級癱瘓代表什麼意思？**

A: 癱瘓級數代表的是「胸腰區」椎間盤疾病的臨床症狀嚴重程度。目前臺灣比較常使用的分級是「胸腰椎椎間盤疾病」的分級，粗略的由最輕微的 1 級到最嚴重的 5 級。

簡略分級的目的，是讓醫師及主人能夠快速溝通，和了解病患的脊髓受影響的嚴重程度。所以，要在您的動物經過專業獸醫師的神經學檢查和骨科學檢查後，強烈懷疑是**胸腰椎脊椎椎間盤疾病問題**，才適用於這類分級。

表 3-2-1：胸腰椎椎間盤疾病分級表。

神經學分級	行走	自主排便排尿	其他症狀	手術成功率	手術後恢復時間	^ 脊椎軟化發生機率
1	○	○	背痛	> 95%	< 2 週	0%
2	○	○	步態不穩	95%	< 2 週	0%
3	✕	○	肢體仍有運動能力	93%	< 2 週	0.6%
4	✕	✕	有深層痛覺	95%	1-4 週	2.7%
5	✕	✕	無深層痛覺	64%	5-10 週	14.6%

＊ 脊椎軟化為胸腰椎椎間盤疾病最嚴重的併發症。

關於神經性問題，首先了解正確診斷的重要性

當 狗狗出現走路搖搖晃晃、像喝醉酒一樣；或是突然後腳不能動或站不起來，要特別注意有可能是神經性問題哦！然而，飼主們之間最常出現的迷思是：

神經性問題＝椎間盤突出＝需要緊急手術，這是錯誤的。

————

首先，讓我們來了解一下，到底什麼是神經性問題呢？簡單來說，就是指神經的傳導受到影響，使得神經反應出現問題。當受到影響的神經位置不同，所表現出的症狀也會有所差異。舉例來說，當前庭神經出現問題時，可能會見到的症狀為頭歪一側或無法平衡；當脊髓神經出現問題時，可能出現四肢運動不正常或癱瘓。

造成脊髓神經問題的常見原因，除了椎間盤突出疾病以外，其他如：纖維性軟骨栓塞（Fibrocartilage embolism, FCE）、偉伯氏症（Wobbler syndrome）、退化性脊髓神經病變（Degenerative myelopathy, DM）、感染引起的脊髓炎、脊椎椎間盤炎（Discospondylitis）、創傷（椎體不穩定、脫臼或骨折）、脊髓腫瘤，都可能造成相似的臨床症狀。

不同病因，適合的治療方式也大相徑庭。正確的診斷病因，是非常重要的。

▋ 出現症狀時怎麼辦？

當毛孩在家中出現症狀時，家長們先不要慌亂，建議可以遵循以下步驟帶毛孩就診：

1.　限制活動

家長要保持情緒穩定、不要慌亂，先將毛孩關籠限制活動。如果毛孩對於關籠較為激動，則將毛孩限縮在最小的活動範圍內。合適的活動範圍大約為毛孩身長的 1.5 倍左右。

2.　抱毛孩的姿勢

如圖 3-2-1，抱毛孩時，建議呈水平姿勢，千萬不要呈垂直姿或像抱嬰兒一樣。假如毛孩是因車禍或高速撞擊，而導致後肢無法行走，則建議用堅硬的平板或紙箱，作為暫時擔架 ，讓毛孩的脊椎保持穩定。

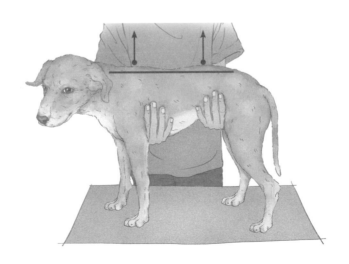

圖 3-3-1：抱毛孩時，建議呈水平姿勢。

3. 尋求專業的協助

請尋找專業的獸醫師就診，並且在就診前建議禁食。禁食目的是當獸醫師檢查後，如建議進階影像檢查或手術時，能夠有效節省時間，避免因未空腹而拖延治療時間。建議狗貓禁食、禁水時間請參考表 3-3-1[1]。

表 3-3-1：就診前的禁水、禁食時間表。

年紀 / 狀態	禁水時間 (小時)		禁食時間 (小時)				給予泥狀食物	口服藥物 *	止吐劑 / 制酸劑 / 促蠕動劑
	不需禁水	6-12 小時	1-2	2-4	4-6	6-12			
健康	✓				✓			✓	
<8 週齡 或 <2 kg	✓		不超過 2 小時				手術前 給予	✓	
糖尿病	✓							✓	
有返流的風險或病史		✓						✓	✓
緊急狀況 **									✓

口服藥物 *　：1 到 2 錠混和少量濕食或以泥狀食物包覆的膠囊。
緊急狀況 **　：誘導麻醉以前必須先穩定病患情況。
註：麻醉前給予止吐藥物，是避免因麻醉前給藥誘發嘔吐，造成吸入性肺炎等風險。

---

1. 資料來源： The 2020 AAHA Anesthesia and Monitoring Guidelines for Dogs and Cats are available at aaha.org/anesthesia 。

168

獸醫師會先依毛孩症狀發生的時間，與症狀的嚴重程度，進行基本理學、神經學及骨科學檢查，目的為區別可能的病因。再來會進行放射線學 X 光片的拍攝檢查，排除病因（如脊椎脫位等），以及血液學檢查（確認有無貧血、其他內臟或全身性問題）。當做完以上檢查後，獸醫師會依所得的資訊，建議是否做進階影像學檢查（如電腦斷層、核磁共振、脊髓造影）。

4. 治療

依檢查結果，經獸醫師診斷病因後，依據個別情況給予治療。

NOTE

. . . .

我的狗狗癱瘓了，該做什麼影像學檢查呢？

狗如果出現類似無力或癱瘓的症狀時，臨床獸醫師首要進行的檢查是：步態觀察、理學檢查、骨科學檢查以及神經學檢查，先區分是神經性的問題或骨關節問題，若確認是神經問題且有懷疑區段後，最初步的影像學檢查就是 X 光片。

X 光片雖然無法告訴我們神經結構本身的狀態，但仍然可以提供臨床獸醫師非常多資訊。

一般常見的影像學檢查項目

X 光片

目的為排除疾病，如骨骼或脊椎是否有明顯錯位、骨折，或其他明顯病灶（如因脊椎腫瘤造成的骨溶解等）。

檢查時機　門診時拍攝，通常不需鎮定或麻醉，程序簡單，費用較低。

缺點　腦部構造、椎間盤與脊髓神經於 X 光片下是看不見的，偶可見椎間盤的典型退行性鈣化影像，但無法正確判斷脊髓神經受壓迫的位置。

脊髓造影檢查

經由頸椎或腰椎穿刺術，將水溶性顯影劑注入脊椎管內的蜘蛛膜下腔（Subarachoid space），配合 X 光片拍攝，可襯托出脊髓神經周邊的變化。

檢查時機　當無法進行電腦斷層或核磁共振做病灶定位時，可使用脊髓造影檢查，找出壓迫脊髓神經的病灶位置。

缺點　當病變跑至椎管時，才可看得到造成壓迫的病灶位置，且無法區別是否爲椎間盤突出或腫瘤等病因。施打造影劑也可能造成動物過敏等現象。

電腦斷層

檢查時機　進階影像學檢查，用以評估椎間盤物質脫出的位置及壓迫程度，但無法清楚辨識脊髓的病理變化。相較於脊髓造影，可更準確判斷脫出的位置，配合給予造影劑，可獲取更多資訊，判斷部分周邊組織變化。

缺點　需全身麻醉。

核磁共振

檢查脊髓實質、神經根及周邊軟組織變化，辨識脊髓是否有出血或水腫等情形。

檢查時機　懷疑神經性疾病或軟組織時的最佳檢查工具。

缺點　費用高昂，不普及（提供檢查的醫院較少，且集中於臺北市），麻醉時間長。

從以上可以得知，核磁共振雖爲神經性疾病的最佳診斷工具，但仍須配合毛孩的疾病嚴重程度、整體身體健康狀況，以及最重要的專業獸醫師的判斷，才能建議該做的檢查哦！

癱瘓有黃金治療期，過了就無法恢復了嗎？

某天上午，第一個復健諮詢的門診時間，是一隻臘腸犬，那是再平常也不過的癱瘓復健諮詢，卻讓我們印象非常深刻，深刻體會到網路傳播資訊的力量之大，而當這個資訊的理解有誤時，就可能造成無法挽回的誤會……

———————

在做完神經學檢測，定位可能有問題的脊椎區段之後，也依照症狀的嚴重程度做了分級：是胸腰椎椎間盤問題，嚴重程度是四級。

正當我在進行說明時，主人很沮喪的打斷了我的話，說：「嚴重程度我們大概知道，我們也考慮過讓牠去做進階檢查確認位置，但因爲已經過了黃金治療期，機會不大，所以我們不打算積極治療，只是想看看有什麼其他方式，可以讓牠舒服點。」

其實當下我的內心是非常震驚的，看著病歷上的敍述，距離發生症狀的時間已經 2 週，而整體沒有顯著惡化，經過一番溝通後，當天做完電腦斷層掃描，確認第一型椎間盤疾病的位置，並進行手術治療。8 週後，幸運的已經可以看到狗狗穩健的走路。

網路上似是而非的資訊非常多，很多人喜歡在網路社團內詢問醫療問題，也有非常多人喜歡充當鍵盤獸醫師，將未經查證的觀念或認知錯誤的概念，直接灌入發問者跟閱讀

者的腦中，一傳十、十傳百，變得好像普遍的常識一樣。

這邊我們藉由一個小例子，讓大家理解，普遍認知的**黃金治療期**，真正的意思到底是什麼。所謂的黃金治療期，只適用在**急速惡化且沒有深層痛覺**的病患！

依照椎間盤疾病臨床症狀的嚴重程度，會有不同的治療方針。**一般我們說的黃金 48 小時或黃金 72 小時，對象只適用於沒有深層痛覺且確診有嚴重壓迫的病畜。**

根據統計，這樣的病畜在超過 48 小時後，即使接受了手術治療，恢復的機率大約在 5% 以下，而此類的病畜通常發生脊髓軟化的機率會上升到 15%，因此，最重要的是診斷及反覆的神經學檢查和評估。另外，在沒有深層痛覺的病患，12 小時內進行手術可以降低脊髓軟化的風險。

換句話說，還有深層痛覺的病患，即使超過 48 小時，只要確認問題的位置後，進行手術治療恢復的機率還是非常高的。另外，近期最新的研究報告，也已經推翻了所謂黃金治療期的說法，所以在接收網路資訊的時候，還是必須確認一下資訊來源為何，相較於隔壁大嬸、路口賣蚵仔麵線的老闆，動物的疾病問題，還是要相信專業的獸醫師。

圖 3-5-1：癱瘓的狗。

最可怕的敵人：脊髓軟化症

脊髓軟化症的定義是，因急性椎間盤破裂而導致脊髓上行性及下行性漸進壞死的過程，是在小動物疾病中，一個常見且致命性的疾病！脊髓軟化最早是在 1972 年被發表的，藉由組織病理診斷發現，脊髓內部因為嚴重栓塞及出血所導致。而到目前為止，我們對其確切的病生理機制仍然知道得非常有限。

―――――――

▍ 脊髓軟化症 Q & A

Q1: **脊髓軟化症會有哪些症狀呢？**

A: 臨床表現上，一般初期，小動物的後腳呈現一致性的下位運動神經元症狀，皮肌反射隨著時間向前側慢慢消失，接下來肛門及腹部張力消失，前肢喪失自主運動功能，最終因呼吸肌麻痺而窒息死亡。多數狗狗基於人道理由，在發生呼吸抑制前，即會進行安樂死。

Q2: **脊髓軟化症的發生率？**

A: 在 2017 年的獸醫內科期刊中（JVIM）提到，在胸腰椎椎間盤破裂，並同時喪失後腳深層痛覺的病例中，脊髓軟化發生的機率介於 11 至 17.5%；但在法國鬥牛犬的病例統計報告中，後肢癱瘓又同時喪失深層痛覺的情況下，脊髓軟化症發生的機率則高達 33%。

Q3: **一旦發生脊髓軟化症，病程大約還有多少時間？**

A: 根據 2017 年獸醫內科期刊中（JVIM）的統計，脊髓軟

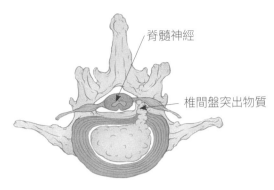

脊髓神經

椎間盤突出物質

圖 3-6-1：脊髓軟化症示意。

圖 3-6-2：
脊髓神經內可見明顯黑棕色出血病灶。

化症平均發生在就醫後的 48 小時內，且在發生脊髓軟化後的 72 小時內進行安樂死。然而在報告中亦有提及，最晚是發生在就醫後的 5 天發生脊髓軟化症，而最長是於就診後的 14 天進行安樂死。

一旦發生脊髓軟化症，我的狗狗是不是就沒救了？

Q4:
A: 正如文章一開始所提及的，這是一個致命性的疾病，既快速且痛苦，而在面對這樣的疾病，我們必須確切認知，並勇敢承認醫療的極限，施打 PEG [1]、類固醇、幹細胞甚至進行高壓氧治療等，針對已經發生的脊髓軟化症，目前並沒有相關醫學報告證實是有效的治療方式，多數僅會徒增施打的副作用風險、增加狗狗的緊迫跟不適感。

在這個疾病中，放棄治療不是一個消極的選項，身為醫療從業人員的我們，有義務跟使命告知主人什麼時候是該勇敢放手！身為主人，面對這樣可怕的疾病，我們必須要更勇敢，告訴自己不能因為一時的自私跟懦弱，讓我們疼愛的家人繼續承受病痛的折磨。

---

1. PEG： Polyethylene glycol（聚乙二醇）。

常見的神經外科：脊椎手術

犬 脊椎手術，是經由電腦斷層、核磁共振、脊髓造影檢查確診後的椎間盤疾病問題，因而進行的脊椎減壓手術。（本節暫不提及其他因素造成的椎體不穩定或錯位所需的脊椎固定手術。）

▌ 減少脊髓神經壓迫的減壓手術

當椎間盤突出物質造成脊髓神經明顯壓迫，多半需要透過外科進行減壓手術，來移除造成壓迫的椎間盤物質。然而脊椎手術到底是什麼？醫師常說的脊椎手術、減壓手術只有單一種手術方式嗎？在這邊我們將常見的幾種手術方式做個簡略說明。

表 3-7-1：診斷及治療建議的流程。

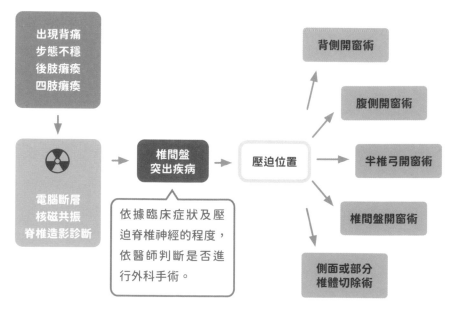

依手術方式及在脊椎體上開創的範圍，可大約分爲 5 種，最常見的稱爲半椎弓開窗術（Hemilaminectomy）、頸部腹側開窗術（Ventral slot）、背側減壓術（Dorsal laminectomy）、側面或部分椎體切除術（Lateral/Partial corpectomy）、椎間盤開窗術（Fenestration）。

半椎弓開窗術 Hemilaminectomy

爲小動物**胸腰椎**椎間盤疾病最常見的手術方式。

依椎間盤物質壓迫的位置，多半爲偏左側或右側，選擇該側進行手術。開窗後，先移除部分脊椎骨構造，再移除壓迫物質以後，開窗的位置也能達到壓力釋放，減少對脊髓神經的壓迫。一般而言，進行過半椎弓開窗術，同一位置不太可能冉復發。

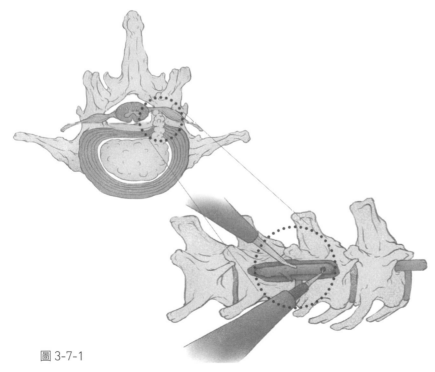

圖 3-7-1

半椎弓開窗術：

從「側面」移除部分椎骨，將突出的內容物移除。

⁑ 頸部腹側開窗術　Ventral slot

爲小動物**頸椎**椎間盤疾病主流的手術方式。

從頸椎的構造來看，椎間盤突出物質位於腹側，腹側開窗術能直接到達突出物的位置，減少對脊髓神經的碰觸與傷害。因爲手術位置離大血管與神經的解剖位置較爲接近，所以這個手術更講究執刀醫師的手術技巧與經驗。

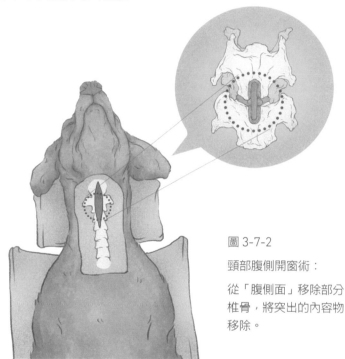

圖 3-7-2

頸部腹側開窗術：

從「腹側面」移除部分椎骨，將突出的內容物移除。

⁑ 背側減壓術　Dorsal laminectomy

爲小動物**腰薦椎**椎間盤疾病主要的手術方式。

因爲腰薦椎生理構造的關係（左右側與腸骨相連），所以只能從背側開創，才能到達脊髓神經所在的位置。多半用於治療馬尾神經叢疾病。

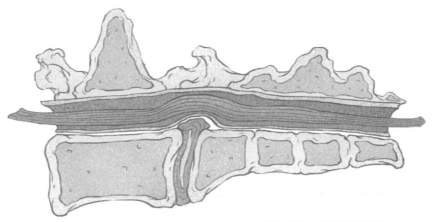

圖 3-7-3：腰薦椎側面圖。

側面或部分椎體切除術 Lateral/Partial corpectomy

此手術方式使用的時機較爲特別，多半用於**第二型**椎間盤突出疾病（慢性的椎間盤突出）。當椎間盤突出物質無法輕易移除時，尤其是位於腹側或外腹側的突出物質，採用此手術方式可有效移除突出物質與減少對脊髓神經的醫源性傷害。此手術更講究執刀醫師的手術技巧與經驗，才能精準定位手術位置。

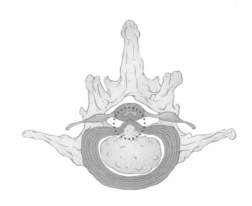

圖 3-7-4：
第二型椎間盤突出示意。

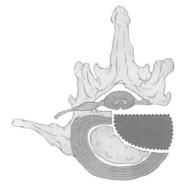

圖 3-7-5：
部分椎體切除術示意，灰色區塊為部分移除位置。

179

椎間盤開窗術 Fenestration

一般會與其他手術合併進行。手術方式爲在可能產生椎間盤突出的位置，或已經發生退行性變化（如鈣化）的椎間盤，進行預防性的椎間盤開窗，先將椎間盤物質部分取出，避免日後因椎間盤受到壓迫而突出。

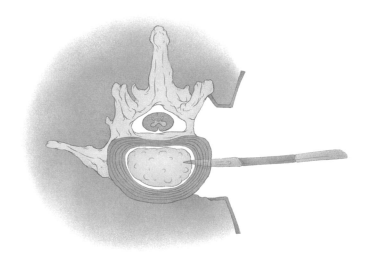

圖 3-7-6：椎間盤開窗術示意。

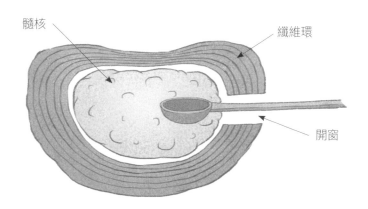

圖 3-7-7：椎間盤髓和掏除示意。

▋ 犬椎間盤手術 Q&A

Q: 當懷疑因椎間盤疾病造成臨床症狀的病患，做完影像學檢查後（如電腦斷層／核磁共振），結果可能呈現一處或多處椎間盤突出，飼主常常會問：「醫師，這樣是每一處都需要進行手術嗎？」

A: 一般而言，因椎間盤突出造成症狀的病患，多數屬於軟骨發育不全品種。這些品種的椎間盤，都可能已有退化、變形、部分突出等狀況，而產生影像學下的變化，不一定造成明顯臨床症狀。因此，在手術位置的選擇，較單純的情況下，我們會選擇造成最大壓迫的位置，進行脊椎減壓手術，來移除壓迫物質。而臨床上較複雜的情況，則需仰賴專業醫師的判斷，決定手術方式及位置。

狗狗也會落枕？小型犬常見的頸椎不穩定

狗 狗也會落枕嗎？當然不會！但小型犬卻易有頸椎不穩定的狀況，這可是非常嚴重的問題！本節就針對小型犬常見的頸椎不穩定來說明。

————————

頸椎不穩定是指頸部的椎體（第一及第二頸椎）之間不正常的位移，而造成脊髓神經受到壓迫，產生症狀。某些狗狗會因出生時，頸椎結構就有缺陷或椎間韌帶發育不良，所以當受到一點點外力時（例如狗狗之間玩耍，被另一隻狗狗飛撲後），就產生不等程度的臨床症狀。

這個問題最常發生在小型犬，尤其是：約克夏犬、吉娃娃、玩具貴賓犬、博美犬及北京犬等犬種。發育有缺陷的狗狗，很多在 1 歲以前，就可能出現臨床症狀。

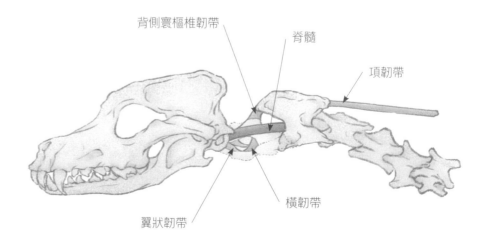

圖 3-8-1：正常的頸椎示意。

背側寰樞椎韌帶

脊髓

項韌帶

橫韌帶

翼狀韌帶

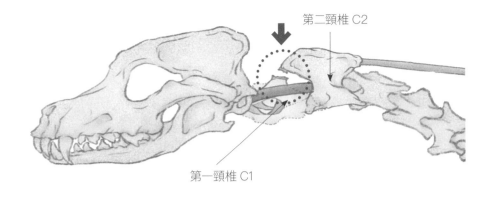

第二頸椎 C2

第一頸椎 C1

圖 3-8-2：背側的寰樞韌帶缺失或腹側橫韌帶缺失，
導致第一二頸椎 C1、C2 不穩定。

不同於其他脊椎，一、二頸椎之間沒有椎間盤，仰賴周邊韌帶與齒
突穩定關節。

如圖 3-8-3，小型犬常見的發育異常為樞椎的齒突（Dens of axis）發
育不全，當齒突或周邊的韌帶發育不全，容易造成寰樞關節不穩定。

最常見的臨床症狀是，狗狗的脖子變得很僵硬，碰觸頸部時會疼痛
大叫，頸部背側的肌肉也變得很僵硬，不願意轉頭及呈現低頭姿

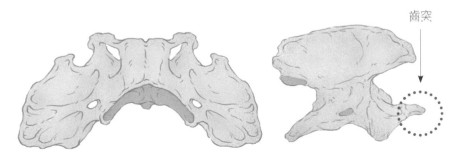

齒突

第一頸椎：寰椎（Atlas）　　　　　第二頸椎：樞椎（Axis）

圖 3-8-3：正常的第一頸椎寰椎 Atlas、第二頸椎樞椎 Axis 構造。

態。表現出來就像人類落枕一樣,但實際上是很嚴重的問題,千萬不能掉以輕心。

臨床症狀會因為脊髓神經被壓迫的程度而有所不同,嚴重時可能會出現四肢走路不協調,或是四肢癱瘓,更嚴重則可能會影響呼吸,甚至死亡。

▍怎麼知道狗狗有頸椎不穩定的問題?

除了臨床症狀以外,獸醫師會先進行完整的神經學檢查,並拍攝X光片。當要評估頸部是否有不穩定時,可能需要將狗狗麻醉,在放鬆的情況下才有辦法進行,此時需要專業的獸醫師進行操作,避免在過程中造成頸部更不穩定的情況。在部分情況下(如神經症狀比較嚴重的病例),也須仰賴進階的電腦斷層或核磁共振檢查進行診斷。

▍該如何治療呢?

當症狀非常輕微、整體的神經學檢查結果都還在正常範圍內時,可用保守療法作控制。狗狗必須嚴格限制運動並做頸部的包紮固定,且同時服用止痛藥物以緩解症狀。嚴格限制運動指的是:關籠並暫停散步等一切活動,不單單只有待在家中不出門。

另外,頸部的包紮固定必須從頭部頸部至肩胛後方,不是只有在頸部繞個圈圈而已,這樣才有辦法完全限制頸部的活動性。

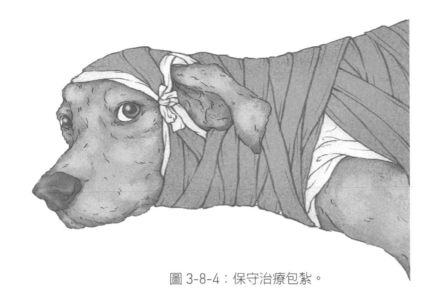

圖 3-8-4：保守治療包紮。

當採取保守療法後，症狀若未完全改善或變得更嚴重，則必須採用外科手術方式，進行頸椎固定。外科手術的目的在於，減低頸部脊髓神經的壓力及穩定第一、二頸椎。

■ **手術後該怎麼照顧？我的狗狗還能夠恢復嗎？**

術後需要至少 6 至 8 週的嚴格關籠休息，並配合頸部包紮。恢復的程度取決於是否有神經症狀出現，症狀越輕微的預後較佳。此外，發生時的年紀較小以及是急性症狀（症狀出現不超過 10 個月）的恢復程度也較好。

什麼是漸凍症？漸凍症其實是俗稱，指的是運動神經元疾病（Motorneuron diseases），主要病程是運動神經元漸進性退化而造成全身肌肉的萎縮及無力。

以人類為例子，會依照退化部位和好發年齡，分為肌萎縮性脊髓側索硬化症(ALS)[1]、原發性脊髓側索硬化症(PLS)[2]、漸進性肌肉萎縮症狀(PMA)[3]和甘迺迪氏症等。

圖 3-9-1：柯基犬。

圖 3-9-2：德國狼犬。

---

1. 肌萎縮性脊髓側索硬化症： Amyotrophic lateral sclerosis, ALS。

2. 原發性脊髓側索硬化症： Primary lateral sclerosis-like, PLS。

3. 漸進性肌肉萎縮症狀： Progressive muscular atrophy, PMA。

其中，肌萎縮性脊髓側索硬化症（ALS）是成人最常見的運動神經元疾病，如電影〈愛的萬物論〉中的真實主角——史蒂芬・霍金，罹患的就是肌萎縮性脊髓側索硬化症（ALS）。

而在狗狗也有類似的疾病，也就是我們比較常聽到的退化性脊髓神經病變（Degenerative myelopathy, DM），常見的品種有德國狼犬、拳師狗、愛爾蘭雪達、柯基以及伯恩山等。目前由於飼養犬種偏好的情況，臺灣最常見有 DM 的品種就是柯基犬及德國狼犬。

▌為什麼會發生退化性脊髓神經病變？

正如人類的肌萎縮性脊髓側索硬化症（ALS）一樣，目前認為是因為 SOD1（Superoxide dismutase type 1）超氧化物歧化酶這個基因變異，導致無法正常修復細胞的氧化性傷害。神經系統的白質是由豐富的髓鞘構成，也是富含脂肪的組織之一，因此對於氧化性傷害的敏感性很高。

▌該怎麼診斷？

一般來說，要診斷退化性脊髓神經病變，有下列 4 個評估點：

1. **狗狗是否為好發品種**
2. **出現的症狀和疾病進展的時間**

3. 醫學檢查

除了門診可進行的血液學及其他常規檢查外，還需要透過拍攝 X 光片、核磁共振或腦脊髓液的檢驗，可以排除掉其他造成相似症狀的疾病（例如同時有髖關節發育不良或嚴重退化性關節炎的狗狗，也可能出現後肢無力的情形）。每個病例的症狀都不同，診斷的時間和程序較為繁瑣，需要跟醫師討論進行哪些排除檢查後，才能高度懷疑是 DM 哦！

4. 基因檢測

懷疑患有 DM 的狗狗，可進行基因檢測。目前美國的 OFA（Orthopedic Foundation for Animals）骨科動物基金會[1]是一個非營利的組織，可以線上訂購 DM 的基因檢測，目前價格為 65USD。訂購後會收到一個口腔採檢棉棒，採檢後寄回 OFA，約莫 3 至 4 週會收到 Email 通知檢驗結果。

檢驗結果會分為下表 3 種狀況，檢測出有 2 個異常基因的狗狗，才可能發展成 DM 這個疾病，**但並不是只要有 2 個異常基因出現，就一定會有 DM**，這一點要先釐清。

N/N	正常
N/A	帶原者　一個正常基因與異常基因
A/A	患 DM 的風險很高　兩個異常基因

表 3-9-1：DM 檢驗結果表。

　1.　http://www.ofa.org

[獸醫師的小叮嚀]

DM 最主要的診斷方式是組織病理診斷,也就是
死後脊髓神經的檢查,因此,在懷疑發病初期,
需要透過以上檢查,才能幫助我們排除其他病因。

▍DM 會有什麼樣的症狀呢?

疾病好發年紀大於 5 歲,平均發病年紀是 10 歲。初期症狀會見到
單側或雙側後肢輕微拖行或無力,疾病發展時間約爲幾週至幾個
月;中期則可能見到後肢癱瘓、肌肉萎縮;後期會出現大小便失禁、
控制不良,甚至前肢無力,呼吸衰竭、吞嚥困難等。

依照臨床症狀的嚴重程度,可以將病程分成 4 個時期:

- 第 1 期:本體感覺性的共濟失調到上位運動神經元痙攣性的輕癱
- 第 2 期:無法起身行走性的輕癱到後軀完全麻痺
- 第 3 期:下位運動神經元性的下身麻痺到前肢輕癱
- 第 4 期:下位運動神經元性的四肢麻痺到腦幹功能喪失

就先前已知的病例統計,從第 1 期至第 4 期的平均時間約爲 4 至
9 個月。一般來說,DM 並不會造成狗狗疼痛,只是漸進性的無力,
除非是進展到呼吸衰竭的最終階段。所以如果狗狗出現明顯的疼痛
不舒服,或發出疼痛的嗚噎聲,要懷疑是因其他疾病所造成。

圖 3-9-3：

症狀屬於中後期的狗狗，
會出現後肢癱瘓。

▌DM 有什麼治療方式嗎？

目前沒有任何治療方式，是不治之症，通常在臨床上和安樂死畫上
等號。身爲臨床獸醫師，我們必須誠實而殘酷的告知主人這個可能
的診斷，而且必須明確讓主人知道後續將發生的令人絕望的狀況。
不過，這不代表我們就什麼都沒辦法做。

目前被認爲有幫助的物理治療，包括了積極的運動治療、核心肌群
的強化、平衡感的訓練以及水療；另外，有些獸醫師認爲雷射治療
能夠幫助減緩神經的退化，紓緩疾病產生的不適感。

在近期的研究中知道，患有 DM 的狗狗在進行積極的復健治療，與
未進行復健治療的對照組相比，有做復健治療的病患平均存活天數
可達 255 天，而對照組的平均存活天數大約是 55 天。因此，針
對懷疑患病的狗狗，建議積極的復健治療，能夠提升整體生活品質
及存活時間。

▎ 得到 DM 之後，身為飼主的你能幫狗狗做什麼？

在生活習慣方面：

🐾 使用後肢輔助帶

盡可能讓狗狗在草地或有止滑的地面上行走，初期可使用後肢的
輔助帶，外出時飼主可藉由輔助帶提著狗狗的後肢，幫助分擔身
體重量。

圖 3-9-4：狗狗使用後肢輔助帶示意。

🐾 準備後肢用的小襪子或抗拖行輔助襪

這類型的產品能在狗狗後肢開始出現拖行時，防止腳背因摩擦而
受傷。

圖 3-9-5：使用輪椅的狗狗。

準備輪椅

後期狗狗後肢癱瘓、無法站立時，需要配合使用輪椅。

家長們要保持堅強勇敢的心

這是最重要的。雖然最終會面臨到需要進行安樂的抉擇，但請把它認為是另一種說再見的方式。就像電影〈愛的萬物論〉告訴我們的事：知道生命的終點在那邊，更要積極感受這個世界，而好的生活品質就是我們在最後有限的生命中，能夠盡量給牠的。

▊ 關於 DM 的新知（2020 年更新）

Debbie Torraca 的團隊在 2020 年發表了一篇新的回溯性文章，增加光生物調節治療 (PBMt) 於復健療程中，對於疾病 (DM) 的生理影響。而所謂的光生物調節治療 (PBMt) 所指的就是四級雷射治療。

在近幾年的研究中，大部分獸醫神經科及復健科的醫師都同意，每天積極的物理治療對於犬退行性脊髓神經病變（DM）呈現正向的幫助。在研究中，每天積極進行物理治療的 DM 病患，其存活時間及保持能夠行走的時間，顯著比只進行中度物理治療或沒有物理治療的病患要長。

⠢ 關於雷射治療

雷射治療的原理

簡單的說，雷射治療的原理及是活化細胞、增加細胞的代謝速率，以達到紓緩疼痛、增加組織循環、降低炎症反應的治療目的。

雷射治療可以調節炎症反應

不只對於周邊神經有效，對於中樞的脊髓傷害也有相同的效果。因此，在多個針對急性脊髓損傷的研究中，可以發現雷射治療對於這樣的傷害有正向療效。

雷射治療可以改善肌肉組織的代謝

避免因為運動造成的肌肉疲乏，進而保護肌肉組織免於傷害，同時增加整體的運動表現。

:앞: **雷射治療和犬退行性脊髓神經病變的新資訊**

根據最新的研究結果，在特定條件的雷射治療下（PTCL-B），患有犬退行性脊髓神經病變的狗狗，存活的時間（自發病確診到安樂）為 38.2±14.6 個月，顯著高於已知的平均值。

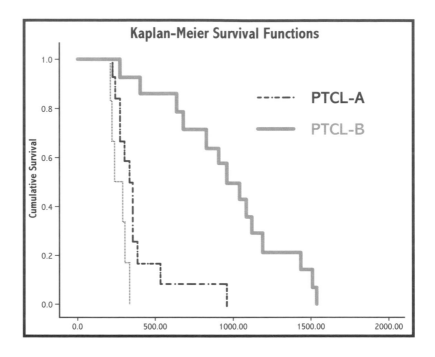

圖 3-9-6：不同治療條件下的存活時間 [1]。

---

1. 參考文獻： Lisa A Miller et al. Retrospective Observational Study and Analysis of TwoDifferent Photobiomodulation Therapy Protocols Combined withRehabilitation Therapy as Therapeutic Interventions for CanineDegenerative Myelopathy. Photobiomodul Photomed Laser Surg. 2020；38(4): 195-205。

基於研究的結果，無疑讓面對這個疾病的人員感到無比振奮！事實上，過去在臨床，我們建議使用雷射治療在 DM 病患身上時，多數治療目的是紓緩代償結果所導致的肌群不適，並不曉得針對這樣的退行性變化還有其他幫助。相信在未來的治療計畫中，我們可以更完整去建立整個犬退行性脊髓神經病變（DM）的治療計畫，幫助更多需要幫助的病患。

最後，分享 Debbie Torraca 團隊在這篇回溯性研究中，建議的幾項居家復健治療，供讀者參考。

居家運動計畫	
掌控中的站立訓練	每天 3 次，強化矯正後腳腳掌正確站姿。
掌控中的輕繩散步	每天 3 次，每次最多 15 分鐘，有需要可以輔以腹背帶。
掌控中的碰觸及按摩	建議輕揉按摩並碰觸雙側後腳來增加感知及本體感覺，每天 2 次，每次至少 5 分鐘。
倒退走	可以每天鼓勵狗狗試著倒退行走幾步。

表 3-9-2：居家運動計畫。

狗狗也有尾椎痛？認識退化性腰薦椎狹窄

退化性腰薦椎狹窄（Degenerative lumbosacral stenosis, DLSS），也稱爲馬尾神經症候群（Cauda equina syndrome）、馬尾壓迫或是腰薦椎不穩定，這些都是指**腰薦椎處的椎間盤出現退化**所造成的退行性疾病。

————————

椎間盤的退化、椎骨與軟組織增生，會使脊髓狹窄及壓迫馬尾神經叢，導致疼痛、跛行和神經性症狀出現。

簡單來說，就是狗狗第 7 腰椎跟第 1 薦椎的位置出現退化性問題，爲了方便毛孩家長們理解，雖然解剖位置不同，有時可能會用「人的坐骨神經痛」來作類比說明。

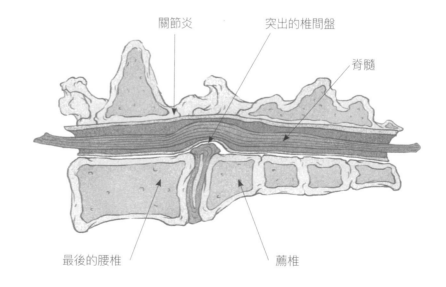

關節炎　　　　　　突出的椎間盤

脊髓

最後的腰椎　　　　　薦椎

圖 3-10-1：

腰椎與薦椎之間的椎間盤出現退行性變化，周邊椎骨出現退化的骨增生及軟組織增生，壓迫到中間的馬尾神經叢。

▌ 什麼樣的狗狗容易有這個問題呢？

好發於大型犬，尤其是德國狼犬、拉不拉多以及黃金獵犬等。統計上來說，公犬較母犬容易發生，比例為 2:1。多見於老年犬，平均發病年齡為 7 歲，其中運動型的狗狗或工作犬發生的比例較高。

▌ 會有什麼症狀？

臨床上，比較常聽到家長們的敘述有以下幾點症狀：

- 狗狗尾巴下垂，無法正常搖尾巴
- 觸摸到背側後半身或骨盆處有疼痛反應
- 跳上車或上樓梯時，緩慢或不願前行
- 單側或雙側後腳跛行
- 腳趾有拖行的狀況
- 後肢感覺無力，起身緩慢而困難
- 嚴重的病患甚至可能有便尿失禁的情況

圖 3-10-2：狗狗尾巴下垂。

▌ 要如何診斷呢？

有很多的疾病都有相似的臨床症狀，因此，需要進行完整的檢查跟評估才能夠有效幫助臨床獸醫師進行區別診斷。

首先，獸醫師會先觀察狗狗的步態，配合家長們提供的病史，並藉由神經學及骨科理學檢查分辨的疼痛來源位置，排除是否有其他骨骼肌肉疾病的可能性。常見容易造成混淆的疾病，包括髖關節發育不全（HD）、髂腰肌急性或慢性疼痛和各式腰椎疾病等。

接著，初步影像檢查（X 光）也是非常重要的，能夠幫助臨床獸醫師排除一些疾病。高階影像檢查是 DLSS 最主要的確診方式，可以透過核磁共振的檢查，確實評估馬尾神經叢受壓迫的情況和嚴重程度，幫助臨床獸醫師擬定後續的治療方針。

▌ 要怎麼治療呢？

治療方式依據症狀，可分為以下幾個階段：

1. 口服抗發炎藥物或多方的止痛藥物組合

初期以疼痛、尾巴下垂、移動較緩慢的症狀為主。出現疼痛且懷疑為 DLSS 時，建議嚴格限制活動至少 4 到 6 週，同時給予口服抗發炎藥物或多方的止痛藥物組合，幫助控制疼痛及改善症狀。

2. 硬膜外類固醇注射

當以上效果不良或症狀反覆發生時，依照美國及歐洲專科獸醫師的建議，可採用硬膜外類固醇的注射，幫助緩解臨床症狀。2014 年的研究結果指出，大約 54.8% 的病患對於內科治療是有效的，而有 32.4% 則需要進行更積極的外科手術。

3. 進行手術

對於內科治療沒有明顯改善，或症狀嚴重至明顯的神經性受損的病患，如後肢無力、站不起來、排便尿失禁，則建議進行手術。

▌ 外科手術是怎麼進行呢？

粗略來說，這類疾病是由於壓迫而產生臨床症狀，因此手術的方式就是減壓，讓神經根不再受到壓迫，即可讓症狀緩解，而在這個位置最適合的手術方式則是背側減壓術，詳細內容可以參考先前篇章 P.176 Ch3-7〈常見的神經外科：脊椎手術〉。

▌ 狗狗被診斷爲 DLSS，身爲家長能做什麼？

目前 DLSS 的治療管理方針，無論是內科或手術治療，後續的復健治療都是非常重要的，後肢會承擔狗狗身體 40% 的重量，加上患病的狗狗多爲大型犬種，當後肢因爲疼痛無法良好負重，狗狗的生活品質會大受影響。

復健治療能幫助狗狗做好良好的疼痛管控、強化特定肌群以及整體運動功能的重建。除了配合獸醫師依據個別病患開立的復健處方以外，居家照護的要點如下：

嚴格限制狗狗活動

初期疼痛嚴重時，嚴格限制狗狗活動。如果狗狗必須到室外或草地上廁所，活動時間以 5 至 10 分鐘為限，先暫停長時間的散步。

使用負重輔助帶或大毛巾

上下樓梯時，建議使用負重輔助帶或大毛巾（如圖 3-10-3），輕輕托住狗的後半身，不需完全將狗的後半身提起，只要能夠幫忙分擔體重，以及防止狗狗因無力而摔倒。

圖 3-10-3：

上下樓梯時，建議使用
負重輔助帶或大毛巾。

使用後肢抗拖行訓練襪

如果狗狗出現神經受損症狀，可能會發生腳背拖行，造成腳背摩擦地面受傷。除了室內可鋪上止滑地面外，外出時可配合使用短期訓練用的後肢抗拖行訓練襪，訓練狗狗維持正常姿勢走路。

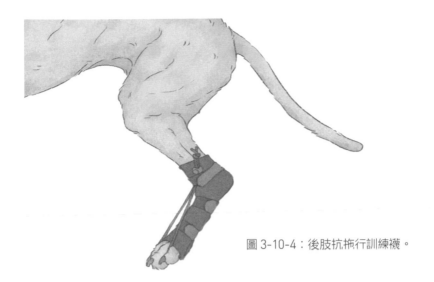

圖 3-10-4：後肢抗拖行訓練襪。

⠰⠾ 適當的後肢肌肉復健治療與運動治療

DLSS 多屬於慢性病患，會因疼痛而減少使用後肢行走或負重的意願， 所以常伴隨著中等程度的後肢肌肉萎縮。當肌肉萎縮更無法良好支撐體重，因此惡性循環，使得肌肉萎縮情況變得更糟。 適當的後肢肌肉復健治療（如水中走步機治療）與運動治療（如使用輔助器材訓練後肢肌肉，請參 P.228）有助緩解肌肉萎縮問題。

[獸醫師的小叮嚀]

使用輔助器材訓練之前，一定要經過獸醫師評估及建議使用哪種器材，並開立處方後才能開始進行，否則可能因為器材選擇或自己操作不當，而造成狗狗更大的傷害。

疼痛的控制管理

DLSS 的病患一定會有不等程度的疼痛，嚴重時甚至會疼到不願意被觸碰或不願移動。疼痛的控制管理是非常重要的，多方面的疼痛管理，包含藥物使用、四級雷射或針灸等，能幫助改善疼痛。

另外，家長們和獸醫師討論後，建議建立專屬於自家狗狗的疼痛追蹤表，定期監控狗狗疼痛的變化。在使用藥物的情況下，家長們更必須要非常注意狗狗的每日飲水量，及建議在飯後才服用藥物，以降低藥物的副作用。

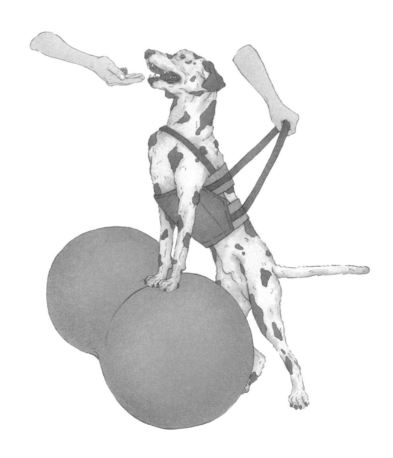

圖 3-10-5：適當使用輔助器材進行訓練。

NOTE

· ·

毛孩發生脊椎骨折或錯位該怎麼辦？

會特別寫出這個章節的原因，是因為在臨床上看到許多案例，在意外發生時，因為慌亂、沒有心理準備，導致第一時間的處置順序有些謬誤，進而引發後續一連串對於治療的錯誤期待。

————————

一般人不像獸醫師一樣受過專業的臨床訓練，無法在當下快速、冷靜的做出適當安排，所以在這邊希望提供家長們一些基本的觀念，幫助大家在意外來臨時能做好應變準備。

脊椎骨折或錯位，多因車禍、高樓墜下或槍傷等高能創傷所造成，也有些時候，小型犬貓受到大型犬的攻擊，或者患有侵犯椎體的腫瘤，造成脊椎的骨溶解和不穩定，最後產生脊椎錯位的情形。但在臺灣最常見的，還是以交通事故傷害為主。

沒有人希望這樣子的意外發生在自己的動物身上，但真的不幸發生意外時，我們必須做好準備，才能在當下做出最適當的處置。例如，在送醫過程中要注意哪些事情？治療的先後順序為何？手術與非手術的選擇又是什麼？這都與病患日後的恢復息息相關。這邊僅介紹基礎的概念，其他仍須仰賴獸醫師現場判斷後進行處置。

▍第一時間該如何處置？

任何意外發生時的處置方針都是一樣的，最重要的事情就是
穩定生命跡象！避免徒手直接移動受傷的狗狗或貓咪，以免造成二
次性傷害。如在道路上，則必須先將受傷的狗狗或貓咪移動到安全
的位置。

尋找周遭是否有適合承載重量的容器或擔架（如圖 3-11-1），輕
柔將狗狗或貓咪移動於上之後再進行搬運。

另外，以手貼近鼻子感受呼吸或觀察胸腔有無起伏，迅速確認毛孩
的呼吸狀態。使用外套或衣物先包住自己的手或稍微蓋住毛孩頭部
周圍，再進行移動。由於受傷時，毛孩會極度疼痛，貿然地直接碰
觸毛孩，可能會被咬傷或驚嚇到毛孩。

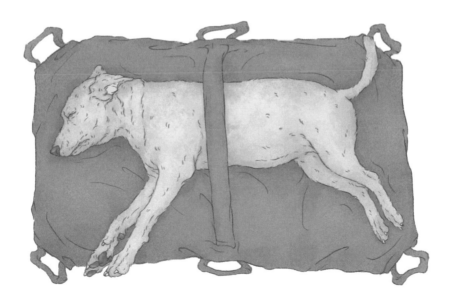

圖 3-11-1：
可以使用紙箱或擔架，記得移動過程中，動作要輕柔，並且讓狗貓
盡可能成平躺的姿勢，不要凹折到身體或四肢。

圖 3-11-2：
使用外套或衣物先包住自己的手，或稍微蓋住毛孩頭部周圍。

接下來，則是立刻找尋並聯絡最近的急診動物醫院，盡速將受傷的狗狗或貓咪送至動物醫院。

像這樣意外脊椎創傷的問題，除了無法行走之外，狗狗和貓咪常會呈現虛弱、喘、呼吸困難、脈搏減弱、心搏加速甚至黏膜蒼白等狀況，而這些可能代表著肺部挫傷、氣胸、血胸或血腹等內出血的可能性，這些問題遠比脊椎錯位更爲緊急。

送抵醫院後，會進行血檢、血壓測量、超音波以及初步的 X 光片，這能夠幫助急診的獸醫師，更快釐清是否有潛在的致命風險。

飼主最在意的，常是狗狗癱瘓無法行走的黃金治療期。事實上，在意外發生之後的 48 小時內，狗狗的生命跡象都還不算是完全穩定。

因此，**在這類癱瘓病患的治療優先順序，會以穩定生命跡象爲優先考量，次之才是能否有機會恢復行走能力**。而在這邊，我們定義的生命跡象穩定包括了血液檢查是否穩定、血壓是否正常、是否有產生尿液及排尿、是否逐漸恢復精神及食慾等。

▋ 生命跡象穩定後，如何確認毛孩是否有恢復機會？

在這邊，我們先簡化內容，讓家長們有基本的概念。獸醫師在評估治療方向時，會先考慮以下幾個重點：

🐾 年紀
成長期的狗狗或貓咪會比成年的小動物有更快、更高的恢復機會。

🐾 毛孩本身的健康狀況
是否原本就有系統性或慢性疾病（像是肝腎疾病或心臟疾病等），除了會影響後續復原情況外，麻醉及手術本身也會有較高的風險及挑戰性。

🐾 神經學檢查的結果
這和受傷的脊椎區段及嚴重程度會有直接相關性，例如頸椎骨折或脫臼，會影響四肢的功能及自主便溺的能力；而腰椎的骨折或脫臼，則會影響後肢的活動功能和便尿能力。當神經受損的程度越嚴重，失去深層痛覺的可能性就越高，也表示狗狗或貓咪後續恢復行走的可能性越低。

例如狗狗的體型大小及個性，後續如未能恢復行走，家中人員是否能長期照護等。

另外，獸醫師在評估治療方針的另一個重要指標，是**脊椎損傷**所造成的脊椎不穩定性有多嚴重。這裡牽涉到 **3 個區間**的概念：一般會將椎體分成背側、中間及腹側 3 個區間，當 3 個區間中，有 2 個區間受到破壞，則椎體就可能呈現不穩定性，表示病患的問題可能需要額外的矯正措施，也就是手術固定。

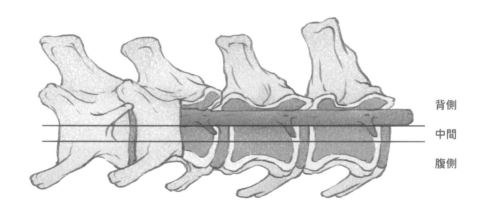

背側

中間

腹側

圖 3-11-3：

3 個區間（3- compartment model）的結構包括：背側、中間、腹側。

■ **脊椎錯位、骨折，有哪些治療選項？**

治療的方式，可以區分為非手術以及手術方式：

:◦ **非手術的方式**

通常適用於椎體不穩定性小、或有頸椎問題的毛孩。

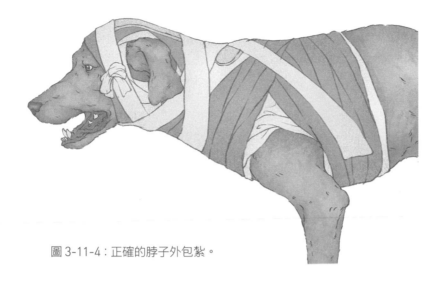

圖 3-11-4：正確的脖子外包紮。

使用外包紮，限制受傷部位的活動性，建議包紮時間為4至6週，每週需回診，讓獸醫師確認包紮狀況。而頸部外包紮可能出現的併發症有：因包紮造成的皮膚發炎、壓瘡或包紮太緊而出現呼吸窘迫等。

頸部外包紮的重點在於，配合木片或鋁板等較堅硬的材質，包紮須繞過頭部至肩胛。包紮完成後，毛孩是無法轉頭的，這樣才能達到完全限制頸部活動的效果。如出現呼吸窘迫，可由包紮下方將包紮部分剪開，減少包紮對呼吸道的壓迫。

一般而言，在離開醫院以前，獸醫師會教導家長們如何確認包紮的鬆緊程度及呼吸情況，建議在獸醫師的指示下進行操作。

🐾 手術的方式

手術內固定為最常見的方式，是指經由手術進行開創，使用骨螺絲、骨板或骨水泥等金屬植入物，將不穩定的脊椎固定。

當然在固定之前，需要先將椎體進行解剖位置的復位，通常可以將因錯位造成脊髓壓迫的壓力釋放掉。常見的內固定方式為螺絲、骨釘合併骨水泥、特殊的脊椎固定系統或 SOP 等鎖定鋼板為主。

▍治療的抉擇？

脊椎骨折或錯位，表示其實身體已受到嚴重的傷害，除了多數的時候有立即性的生命危險，在生命跡象穩定之後，由於脊髓本身受到嚴重傷害，有一定的機會引發脊髓軟化的致命情況發生（請參考 P.174 Ch3-6〈最可怕的敵人：脊髓軟化症〉），這是在前期恢復的過程中必須要注意的情況。

圖 3-11-5：外固定治療。

[獸醫師的小叮嚀]

因為中文詞意的關係，常讓家長們搞不清楚，外包紮與外固定，其實是兩種不同的治療方式。

🐾 **外包紮**

是利用較堅硬的鋁板、木片或熱塑片配合棉布等包紮耗材，輔助提供穩定性，並沒有進行外科手術。

🐾 **外固定**

是指金屬植入物，配合外部的金屬或碳纖維支架，為一種手術固定的方式。

所以在和獸醫師討論治療方式的時候，不要誤會了。

另外，術後照護的部分也是非常重要的一環，甚至會影響到我們治療的選擇。嚴重脊椎傷害、喪失深層痛覺的病患，在術後可能是需要終身乘坐輪椅以及輔助排尿（擠尿）和排便的。除此之外，躺臥或拖行摩擦的區域可能容易產生褥瘡及擦傷，在照護上，必須花費相當的心力才能維持好狗狗或貓咪的生活品質。

因此，除了衡量動物本身的狀態之外，也需要確認自身是否有能力負荷這樣的照護責任，以期在整個治療的過程中尋找一個適當的平衡點。

癱瘓原因不簡單！認識貓高樓症候群

造成貓咪癱瘓的原因，最常見的有創傷、腫瘤、傳染病、血栓及椎間盤脫出。創傷所導致的脊椎脊髓損傷，可能來自於車禍的高速撞擊、槍傷，或甚至被狗咬。另外值得一提的是，經常造成貓咪嚴重骨折傷害的便是**貓高樓症候群**。

───────────

貓咪身形輕盈，愛跳上跳下、飛簷走壁，喜歡登高，俯瞰風景，在大眾的心目中已有了刻板印象：貓咪從高處往下跳也沒問題！所以，多半讓人忽視背後所隱藏的風險。

近年來的都市傳說則是：貓咪從高樓墜下居然能生還！要是換成人類或狗，從相同的高度墜落，怎麼可能存活下來呢？要知道的是，貓咪墜樓後能夠生還並不等於毫髮無傷，有時會伴隨嚴重傷害，死亡率可達 10%。

在獸醫急診及骨科門診中，貓咪因爲意外而墜樓受傷的病例不算少數，所以在獸醫的領域，就有**高樓症候群**的名詞出現。

▌什麼是高樓症候群？

1987 年在美國獸醫醫學協會 JAVMA（Journal of American Veterinary Medical Association）發表的期刊中首次被提

到。高樓症候群（High-rise syndrome）是指從 2 層樓或以上的高度
摔下，所導致的傷害，多發生於年輕的貓咪（尤其是 1 歲齡以下）。
最常造成高樓症候群的原因，是貓咪太專注於追逐昆蟲或小鳥而跳
出窗外，或在陽台邊牆上行走時，不小心從高處滑落（特別是在溫
暖的季節或發情期間）。高樓症候群在狗身上也可能發生，但病例
少見。

圖 3-12-1：高樓症候群常發生在年輕貓咪身上。

目前雖有貓咪從 32 層高樓墜下仍生還的紀錄，但實際上，墜樓常
伴隨嚴重的四肢骨折、胸部嚴重傷害（例如氣胸、血胸）、脊椎骨
折脫臼或下顎骨折等情況。

圖 3-12-2：

1894 年，一名法國科學家透過連續拍照記錄了貓咪著地的過程。

▌為什麼貓咪有機會從高樓跌落後生還？

這邊就要提到一個貓咪天生內建的平衡系統，稱為**翻正反射（Righting reflex）**，最早在 3 週齡開始，最晚至 7 週齡前發育完成。翻正反射能幫貓咪判斷自身位置、調整姿勢，並用四肢著地。

圖 3-12-3：

貓從高處跌落時，會張開四肢、調整成水平姿態。

目前已知，貓從高樓跌落的骨折數目與受傷的程度，與接觸地面時的撞擊力有關，而撞擊力取決於到達地面的速度。當貓咪從高處跌落時，會張開四肢、調整成水平姿態，如同降落傘一般，在相當於5層樓高的高度時，會達到終端速度（97 公里 / 小時）。

達到終端速度後，前庭系統不會再受到加速度的刺激；貓咪可能比較放鬆，調整爲較能分散撞擊力、腳先著地的姿勢以減少骨折的發生，但反而會讓軀幹及頭部先著地，造成胸腔及臉部傷害。

根據研究，從 7 層樓高以下跌落的貓咪，骨折數目及嚴重程度大於從 7 層樓以上跌落的貓咪。

▋ 貓高樓症候群造成的傷害有哪些？

受傷的嚴重程度取決於從多高的位置摔下，以及貓咪落地時的地面材質有關。高樓症候群的貓咪有 90% 都伴隨有胸腔的傷害，其中胸挫傷、氣胸、內出血最常見，這些都是常造成貓咪死亡的原因。另外，臉部創傷（例如硬顎裂開、下顎骨折）與四肢的骨折都非常常見，甚至有些貓咪會因掉落在鐵柵欄而造成嚴重穿刺傷。

圖 3-12-4：
保護紗窗與安全鎖，能保障貓咪居家安全。

■ 要怎麼避免及預防貓的高樓症候群呢？

相信有養貓的家長們，一定都聽過這樣的叮嚀：如果家中有陽台，一定要裝上保護紗窗，窗戶也要裝上安全鎖以防止貓咪逃跑或墜樓。這些都是最基本能夠保障貓咪安全的設施。

再來，建議家長們可以豐富化貓咪的生活環境，例如在室內放貓跳台、提供玩具以轉移貓咪的注意力，也可以在窗上裝上吸盤式貓咪吊床，讓貓咪既可以在高處看窗外風景，也能確保貓咪安全。

另外，可在適當年齡時帶貓咪至醫院進行絕育手術，以避免發情期時，貓咪偷溜出門。

▌ 如果貓咪不幸墜樓了，怎麼辦？

不論墜樓的貓咪是否仍有生命跡象，一定要盡快送至醫院進行評估。移動貓咪以前，建議先拿具有支撐力的軟墊或是紙箱，將貓咪放置在平坦的平面上，不要凹折到身體的任何部位，再輕柔緩慢移動貓咪至醫院就診。其他細節，可參閱 P.204〈Ch3-11：毛孩發生脊椎骨折或錯位該怎麼辦？〉。

NOTE

4

小動物常見的
復健治療

小動物復健治療常見於骨科、關節疾病，神經性、
術後康復等情況，治療方法包括物理治療和運動治
療。毛孩的復健治療，除了須考慮本身的疾病，量
身定制治療計畫以外，治療過程中更仰賴復健獸醫
師以及家長們的共同合作，以下介紹幾種常見於醫
院或家中進行的治療方式與禁忌症。

在家可以做⋯冷熱敷

你敷對了嗎？原理及適用時機

小動物的復健治療，主要分爲物理治療及運動治療。物理治療簡略來說，就是利用光、電、冷、熱、力和聲音等方式，來達到降低組織炎症反應、紓緩疼痛、促進組織修復以及增進肢體運動功能。

———————

很多時候，我們必須借助特殊儀器，來達到物理治療的效果，當然，也有些方式是適合日常居家環境，並配合獸醫師建議的治療方針來進行，就像接下來要介紹的冷熱敷，雖然乍聽之下覺得沒什麼特殊，但其實中間有許多細節必須要注意，例如：冷敷熱敷怎麼選擇？用什麼器材進行冷熱敷？冷敷及熱敷的溫度要多少才合適？每次進行冷熱敷的時間要多久？每天要敷幾次才是有效的呢？

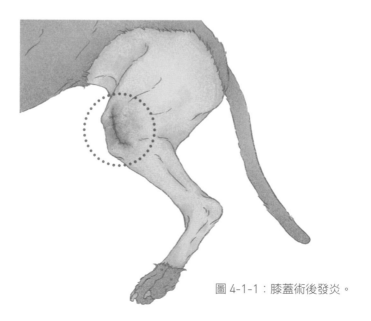

圖 4-1-1：膝蓋術後發炎。

圖 4-1-2：

關節或肌肉慢性疼痛。

其實有許多因子必須考量，才能真正達到冷熱敷的治療效果！

體表的冷熱治療，是物理治療中最常被使用的方式，可能的原因是直接、方便、花費少。冷療或冰敷是大家比較熟悉的說法，通常使用時機是在手術之後或受傷之後，目的在減少血流、減少炎症反應、減少腫脹及疼痛。某些研究報告顯示，在狗狗前十字韌帶手術手術之後的 72 小時內，持續給予每天 1 次、每次 15 至 20 分鐘的冰敷，可以有效減少膝關節在術後的腫脹程度。

拱背中

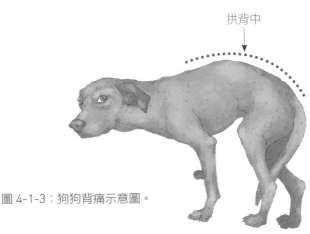

圖 4-1-3：狗狗背痛示意圖。

圖 4-1-4：
冷敷可以降低呼吸速度、降低代謝速率以及脈搏速度，增加回到臟器的
血流、增加血管收縮以及血壓。

　　熱療或熱敷，主要治療目的是增加局部血液循環、增加膠原蛋白的
延展性，另外可能可以達到些許的止痛效果。但事實上，臨床上
的使用時機不若冷療來得頻繁，一般建議單次熱敷的時間大約在 5
至 10 分鐘。需要熱敷的病患，多數是有慢性疼痛的問題，如第二

刺激	循環	血流
冰敷	增加平滑肌張力 促進血液循環 增加血液黏滯度 降低血管擴張劑的代謝	血流下降

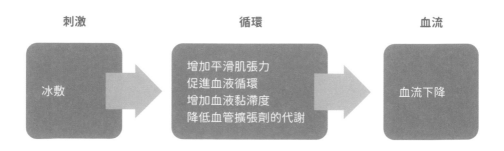

表 4-1-1：冰敷對血流的影響。

圖 4-1-5：
熱敷可以增加心輸出、代謝速率、脈搏速度、呼吸速度以及血管舒
張（降低血壓）。

型椎間盤疾病問題或二次性骨關節炎，可以藉由熱敷的方式，使肌
肉放鬆，降低局部疼痛反應，是在家中比較容易持續進行的其中一
項理療的方式。

無論冰敷或熱敷，根據研究報告我們知道，體表冷熱敷可以影響的
組織深度大約只有 1 公分，且深度並不會因為敷的時間長短而改
變，因此針對比較深層的組織，我們必須藉由其他方式來達到類似
的治療目的，例如理療用超音波治療等。

在前一個章節，我們初步了解冷熱敷的原理。但事實上，要真的界定冷熱敷的時機，有一定的困難。因為這個問題並非單一因子考量就可以決定，而比較常聽到用來劃分冷熱敷時機的方式，就是**受傷的時間**。

表 4-2-1：冷敷熱敷建議表。

冰敷	
時機	術後、急性受傷後、急性發炎期。
時間	每日 2-3 次，每次 15-25 分鐘。
溫度	0℃ -4℃ 即可。
方式	冰水袋、冰毛巾、局部冰水浸泡、冰敷袋等。
熱敷	
時機	慢性關節或肌肉痠痛疼痛。
時間	每日 2-3 次，每次 15-20 分鐘。
溫度	40℃ -42℃ 即可。
方式	熱水袋、熱毛巾、局部熱水浸泡、熱敷袋等。

* 建議由專業獸醫師評估後再進行治療。

若是以受傷的時間來區分，原則上，在受傷後的 72 小時內，建議冰敷，主要用以控制整個急性發炎的過程；72 小時之後，則可以開始進行熱敷治療。但事實上，在大部分的情況中，最適合的治療並不是遵照這樣的時間軸在進行的。

什麼意思呢？第一個是需要判定受傷的時間。例如正常健康的組織剛手術完，或四肢突然發生扭傷、跛行的情況，是屬於比較容易判斷的狀況。但如果本身已經有慢性或退化性關節問題的狗狗，今天走路看起來比較不舒服，那應該如何判定受傷的時間？該選擇熱敷還是冰敷呢？第二個是受傷的 72 小時後，就一定可以開始熱敷嗎？其實不一定，例如一個嚴重骨折的患部，在手術完之後的 72 小時，仍然發炎得很嚴重，那麼這樣應該要選擇熱敷還是冰敷呢？

看過以上簡單的例子，應該可以大致了解，即使是簡單的冷熱敷，在進行治療選擇時，也是必須評估許多影響的因子。所以，除非是輕微的問題，一般還是建議由專業骨科或復健科獸醫師進行評估過後，再開始進行冷熱敷治療，比較能夠達到事半功倍的效果。左側表格是常規性的冷熱敷建議，可以讓大家作爲參考。

絕對不能犯的錯誤與禁忌症

再簡單的治療都不會是零風險的，就算是非侵入性的物理治療，只要是操作不當或用於錯誤的適應症，都可能使原本的情況更加糟糕！這時候又不免想到廣告中的一句至理名言：「先講求不傷身體，再講求療效！」**安全**在小動物物理治療裡是最基本的準則，所以在這邊列出一些進行冷熱敷時，必須要注意的事項，希望能夠幫大家盡量避免不必要的傷害。

————————

右邊幫大家整理了冷熱敷常見的禁忌症，或許大家會覺得疑惑，為什麼**感覺神經受損**會是禁忌症的其中一項？早期我們在念書的時候，其實也有過類似的疑惑。

記得在進入臨床工作的前幾年，有一個後肢神經功能受損的貓咪病患，由於很久沒有正常活動後肢關節，導致肌群萎縮，且有關節僵硬的情形，因此當時建議可以在活動關節之前，先進行大約 10 分鐘的熱敷，再開始進行被動的關節活動，幫助增進關節活動度。

然而，隔一週貓咪回診時，發現地的後肢有皮膚燙傷的初步變化，詢問之下才知道，主人用的是電熱毯進行熱敷，溫度可能稍高，且由於貓咪後肢神經受損，無法即時反應過熱的情況，所以導致部分皮膚燙傷。

以上分享的實例，主要是希望大家了解，即使是簡單的冷熱敷，操作或選擇不適當，都還是可能造成傷害，要特別小心。

▌ 熱敷的禁忌症

- 急性發炎
- 正在流血或瘀血
- 血栓
- 各式的腫瘤
- 有開放性傷口
- 嚴重的循環不良問題
- 感覺神經受損的區域

▌ 冷敷的禁忌症

- 對冷療過度敏感
- 感覺神經受傷導致感覺異常的區域
- 有循環問題
- 有開放性傷口

運動治療，是藉由不同的活動設計，針對需要強化的目標組織進行有效率的訓練，適合所有不同年齡的狗狗，但有一個最重要的原則，那就是安全！由於資訊發達，網路上不難找到運動治療相關的示範影片，但真正專業的示範影片一定會包含幾個必要資訊——什麼樣的適應症適合訓練？什麼階段適合訓練？什麼樣的環境安全？什麼是合適的單次訓練次數與時間？什麼是合適的強度？

▍ 運動治療的原理

運動治療，是有效率的增加主動關節活動角度、肌耐力、速度以及本體感覺等，因此在整個復健治療計畫中，是不可或缺的基石。運動治療必須是循序漸進的，像人學走路一樣，先學站，再學走，最後才是跑。所以，不斷的評估

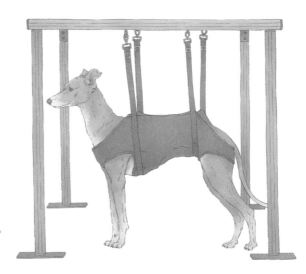

圖 4-4-1：
狗狗的輔助站立。

也是非常重要的，藉由評估的結果，我們可以知道運動治療的強度是否合適、何時需要調整運動強度。

常見的運動治療目標大致有 6 個項目，包含了輔助站立、重心移轉、關節活動角度增加、平衡練習、核心強化以及耐力和運動功能強化等，每一隻狗狗年齡、體型、體態跟適應症都不同，所以很難有一個標準化的運動治療流程，必須因應每隻狗狗的實際狀況去做調整以及建議。

由於安全是最高原則，所以一旦你對前述幾個問題有疑慮，就不應該貿然自行進行運動治療！另外，必須強調的是，看別人做沒有問題，不代表你做就不會有問題，像游泳一樣，蛙式看起來就是學青蛙的動作划手擺腿而已，但其實不然，很多小細節若是沒有注意，是沒有辦法輕鬆游出有效率的蛙式，而且可能還會因為用力不當而受傷。因此在進行運動治療之前，還是建議諮詢專業獸醫師的建議比較適當。

圖 4-4-2：
狗狗的重心轉移、平衡練習與核心強化。

▍適合運動治療的時機

這個牽涉到運動治療的主要目的：一個主要是促使動物在手術之後，早期開始使用肢體、盡速恢復肢體功能性；另一個目的則是強化強度、耐力、關節活動度以及整體活動速度等，所以我們可以知道，其實這兩個目的，明顯代表著不同階段的運動治療。

骨科手術之後的運動治療其實非常重要，但必須在適當的時間給予適當強度的運動治療，才能在無痛安全的情況下，幫助病患盡速恢復肢體的功能性。常見的骨科手術包括了一般的骨折手術、膝蓋骨內側異位手術、前十字韌帶手術、股骨頭切除手術、椎間盤手術以及人工關節置換手術等，每個手術也會依照狗狗或貓咪初始的神經狀況、骨骼、關節、肌肉情況和術式的不同，給予不同強度的運動治療建議。

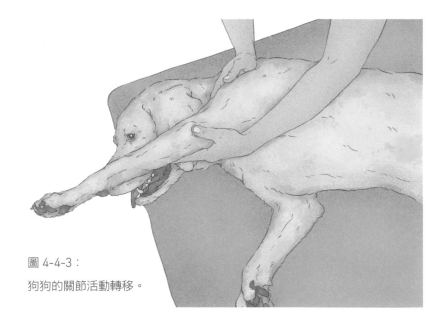

圖 4-4-3：
狗狗的關節活動轉移。

一般說來，運動治療在術後就有不同程度的介入了，像是有目的性的輔助站立練習，就是最初步的運動治療，而後可以依照每個狗狗或貓咪進步的速度，在沒有負擔且沒有增加疼痛的情況下，每週增加 10 至 15% 的運動時間和強度，透過定期的專業評估和監控，讓狗狗和貓咪在最安全的情況下，循序漸進恢復正常肢體運動功能。

NOTE

· ·

簡易的運動治療：常見運動治療的介紹

前 面我們曾提到運動處方箋，所以本章運動當然是可以在家進行的，不過這邊要強調的事情是，在這邊只是介紹常見的一些運動治療項目跟敘述，讓讀者可以認識這些運動治療，以及大致了解這些運動治療的進行方式，不可在沒有任何專業評估的情況下，自行依圖進行運動治療！請確實遵守運動治療的三大安全守則。（可參考 P.239，〈運動治療的安全守則〉）

運動治療的種類相當多，每種運動治療都可以達到 1 種以上的訓練目的，而組合式的運動處方箋可以幫助我們的病患訓練及強化特定的肌群，進而維持或加速肢體功能的恢復。這邊介紹幾種最常見且執行比較簡易的運動治療方式，而詳細的次數、頻率或是高度等細節，考量的因素非常多，必須由開立運動處方的獸醫師進行調整跟建議。

▋ 常見的運動治療

☼ 重心移轉 Weight shifting

在不同厚度及軟硬度的表面站立或緩慢行走。

圖 4-5-1：重心移轉。

✦ 三腳站立 3 legged stance

在穩定的防滑表面站立，抬起單一前肢或後肢，進行對側肢體的
訓練。

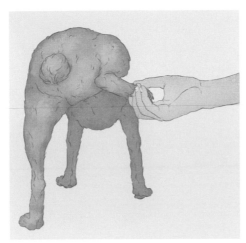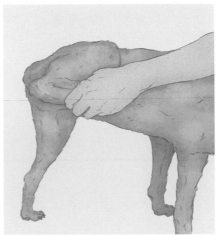

圖 4-5-2：三腳站立。

✦ 雙腳站立 2 legged stance

在穩定的防滑表面站立，抬起斜對角的前肢及後肢，進行目標肢
體的訓練。

圖 4-5-3：雙腳站立。

🐾 節奏穩定運動 Rhythmic stabilization

藉由瑜珈球、平衡板或平衡墊
製造不平穩的站立表面,持續
一段時間的動態平衡,訓練伸
肌群及核心肌群。

圖 4-5-4:節奏穩定運動。

🐾 坐下起立運動 Sit to stand

藉由起立坐下的組合動作,訓練髖關節及膝關節的彎曲角度以及
相關肌群。

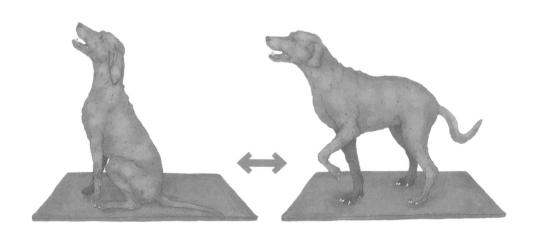

圖 4-5-5:坐下起立運動。

手推車運動 Wheelbarrowing

在安全防滑表面，適度抬起狗狗後肢，偕
同狗狗緩慢向前行走，藉此訓練肩關節伸
展角度以及肱三頭肌強度。

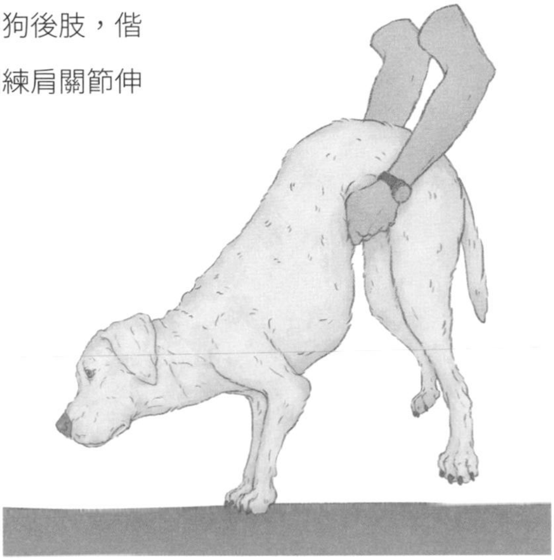

圖 4-5-6：手推車運動。

跳舞運動 Dancing

在安全防滑表面，適度抬起
狗狗前肢，偕同狗狗緩慢向
前行走或向後行走，增加後
肢的負重，以及訓練後肢肌
肉強度和髖關節伸展角度。

圖 4-5-7：跳舞運動。

跨欄訓練 Cavaletti rails

在安全防滑表面，放置 3 至 4 組三角錐，設置合適高度的障礙橫桿，讓狗狗可以來回走動跨越練習，可訓練四肢行動的協調性，也能改善髖關節以及膝關節的彎曲角度，增強肌肉強度。

圖 4-5-8：跨欄訓練。

水療 Aquatic therapy

水療包含游泳以及水中跑步機，利用水的特性，強化狗狗四肢的協調性、關節活動角度、關節健康程度以及肌肉的強度等。

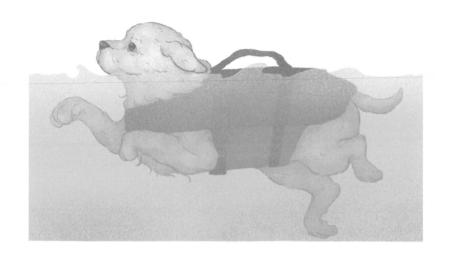

圖 4-5-9：水療。

[獸醫師的小叮嚀]

水療的執行又更加複雜而專業，僅有少數家庭能夠負擔起泳池，並商請專業人員出診幫助狗狗或貓咪進行水療的評估及活動，因此在這邊僅簡單進行介紹。

水療並不建議在沒有專業人員的情況下自行嘗試，大部分在沒有特定條件設定的情況下，僅能說是戲水而已，並沒有辦法達到真正的治療目的，P.280 會針對水療再做更深入的討論。

237

絕對不能犯的錯誤與禁忌症

運動治療無疑是復健治療中重要的一環，這個應該不難理解，因為復健治療的目標除了紓緩疼痛之外，就是維持或增加肢體功能以及整體活動的能力，也就是維持動物一定的運動能力。既然是治療的一環，其實也存在著操作不當的風險，所以務必謹慎小心，遵守運動治療的最高原則──安全。

圖 4-6-1：運動治療的最高守則 - 安全第一。

▌ 運動治療的安全守則

那麼，運動治療有哪些安全守則需要注意呢？其實我們可以從自身開始去思考，當我們要做運動，例如跑步時，會注意什麼？第一個當然是腳的肌肉、關節和骨頭是不是有明顯疼痛或不舒服，在有不舒服或疼痛的情況下跑步，很多時候只會讓不舒服的情況更加糟糕。

👣 第一項安全守則

在進行這項運動治療的時候，必須沒有疼痛或僅有輕度不適！

在這個部分就牽涉到，要怎麼知道狗狗或貓咪是否有疼痛？這個可以參考我們先前提到的一些疼痛識別的方式，或由獸醫師藉由疼痛指數來評估，狗狗或貓咪是否在進行運動治療之前，需要先進行疼痛管理。

👣 第二項安全守則

運動治療的項目跟方式，是經過專業獸醫師評估，確認適合這個階段的復健治療。換句話說，**選擇運動治療項目的人，應該是專業的獸醫師，而非其他人**。這點其實非常容易被忽略，常常我們看到的情況是，飼主看網路或社團，非獸醫專業的網友分享做了什麼樣的運動治療很有幫助，於是就依樣畫葫蘆。看似無傷大雅，但換個方式來敘述這個狀況：我們看了非專業的網友分享吃了某某藥物，於是狗狗或貓咪狀況就比較好了，所以我們去找了一樣的藥物來給狗狗或貓咪服用，其實這個行為就是自行開立處方箋的行為，非常危險且不恰當。而運動治療其實可以說就是運動處方箋，自行開立的行為，也是一樣非常危險的！

第三項安全守則

正確執行運動治療。很多時候我們在學習健身方式時，會參考網路的教學影片，所以也很習慣去搜尋是否有幫助狗狗復健的影片可以借鏡。但事實上，這是非常危險的行為！試想一下，即使是我們機能正常的身體，都有可能因為用力不當而導致受傷，更何況是狗狗和貓咪在復健時，是屬於機能不正常的情況下呢？因此，建議必須由復健專長的獸醫師經過評估之後，在門診直接進行教學，並由幾次門診的教學之後，才能自行在家嘗試運動治療，避免操作失當帶來的風險。

▌運動治療的禁忌症

事實上，只要能夠好好遵守運動治療的的 3 項守則，是不太可能牴觸到禁忌症的。所以簡單的說，運動治療的禁忌症就是：不適當的時機、不適當的運動治療項目、不適當的運動治療強度，和錯誤的運動治療操作方式，最後導致的結果就是不安全的運動治療！這是絕對要避免的，輕度可能使肢體功能恢復時間延長，嚴重的情況則可能導致二次性傷害，讓整體運動功能狀態更加糟糕。

NOTE

可以在家做的按摩

犬貓徒手治療爲一種溫和且有效的方式來幫助寵物放鬆和緩解疼痛。不過，在進行治療前，需具有相關的醫療知識並瞭解注意事項，依照個別毛孩的需求和反應進行調整，確保治療的安全和有效性。

———————

徒手治療的英文爲 Manual therapy，是屬於醫療行爲的一部分，在人主要是由專業的物理治療師來進行的，可以降低因施力不當而造成的危險性。而小動物的徒手治療，也一樣屬於醫療行爲，目前主要還是由受過訓練的專業獸醫師來執行，除了對於小動物生理結構和疾病認識最深之外，獸醫師也可以經由徒手治療，不斷評估病患的情況，適時做出復健治療上的調整。

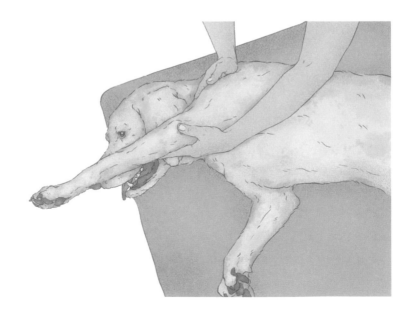

圖 4-7-1：狗狗正在接受徒手治療。

圖 4-7-2：

田納西大學獸醫學院近年也針對小動物徒手治療，設計了一系列相關的認證學程，叫做 Certificate of canine manual therapy（CCMT）。

小動物的徒手治療，是指不使用任何物理治療儀器，僅由獸醫師的雙手適當施加力量，來達到促進局部循環、紓緩及減輕疼痛、維持或增加關節活動度、增進整體活動功能的治療方式。

近年來由於小動物復健醫學的快速發展，除了國內有專屬的醫學會成立之外，國外也有許多完備的獸醫復健醫療訓練學程，像是前面章節所提及，由美國田納西大學獸醫學院所籌畫的 CCRP 認證學程，能夠幫助有相關需求的獸醫師更快速完整得到相關知識和臨床應用能力。

另外，田納西大學獸醫學院近年也針對小動物徒手治療，設計了一系列相關的認證學程，叫做 Certificate of canine manual therapy（CCMT），內容提供豐富而多元的知識和臨床應用，讓小動物臨床獸醫師能夠藉由更細緻的徒手治療方式，幫助我們的病患，增進整體的生活福祉。

█ 小動物徒手治療的適應症與禁忌

用於小動物醫療的徒手療法很多，與小動物物理治療相關的手法包括：淺層按摩、深層按摩、壓痛點鬆弛術、筋膜鬆弛術、結締組織按摩、被動關節活動以及關節鬆動術等手法。必須配合臨床的診斷跟每次的評估，才能選擇適合的徒手治療部位、手法方式、強度和時間，錯誤的徒手治療仍然可能帶來反效果。

目前現行的小動物徒手治療可以粗分為四肢、中軸的肌肉以及關節，針對肌肉有不同的按摩手勢，針對可動關節和少動關節則是以 Maitland mobilization grading 和 Brian Mulligan 的概念作為理論基礎來進行治療。

在沒有經過評估及單一個案直接教導的情況下，是不建議自行在家進行各個關節活動的，每隻狗狗或貓咪需要活動的關節角度跟目的

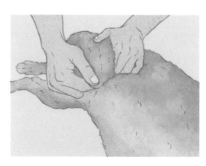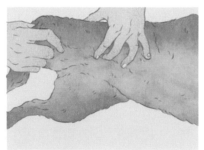

圖 4-7-3：
狗狗與貓貓接受徒手治療。

都不一樣，因此使用的力度和時間都不同，無法很制式的給予所有動物一樣的活動建議。

針對這些肌群的問題，可以先熱敷（參考 P.220 的冷熱敷章節），然後以輕撫的方式進行大面積的按摩及放鬆。居家進行這些程序時，必須以狗狗和貓咪的舒適度為最高考量，如果進行當下狗狗或貓咪抗拒無法接受，即必須停止，之後可以短時間循序漸進嘗試幾次，若仍無法接受則不建議勉強進行，避免造成無法預期的傷害。

網路上可能可以找到許多居家活動的示範或分享影片，但必須再強調一次，在沒有任何問題病痛的狗狗或貓咪身上，可以嘗試進行類似的紓緩，相信不會有太大影響；**但已經是有病痛、肌肉、骨關節或神經問題的狗狗或貓咪，沒有在獸醫師的建議下貿然進行任何徒手活動，都可能會有潛在的風險，家長們必須要特別謹慎小心！**

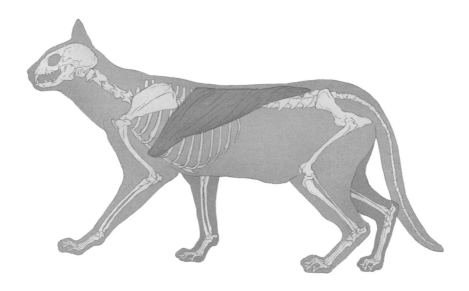

圖 4-7-4：
以闊背肌為例，進行徒手治療時，必須了解特定肌群的走向。

什麼是電療？原理及適用時機

電刺激在人的物理治療中，是相當常見的一個治療項目，但是小動物在臨床使用上，則相對沒有這麼頻繁。其中一個可能的原因是，小動物身上有不等程度的毛髮覆蓋，在沒有剃除的情況下，容易影響傳導的效率。另外，電刺激的治療並非單一次治療，就能達到最佳療效，很多時候必須定期進行治療才能維持良好的成果，因此毛髮就必須保持剃除狀態，在部分地區比較不容易被主人接受。

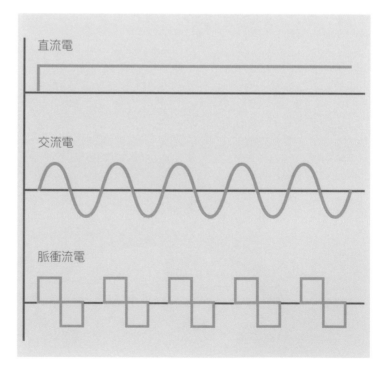

直流電

交流電

脈衝流電

圖 4-8-1：簡單電流示意圖。

電刺激或電療，也是物理治療中經常使用的治療方式。

▌ 電療的主要模式

- ☺ **經皮電刺激（TENS），又稱低周波**

- ☺ **干擾波（IFC），又稱中頻波**

- ☺ **神經肌肉的電刺激（NMES 或 EMS）**

圖 4-8-2：

電療前，需要剃毛、選擇適當大小的導極貼片，並放置在確切的位置。

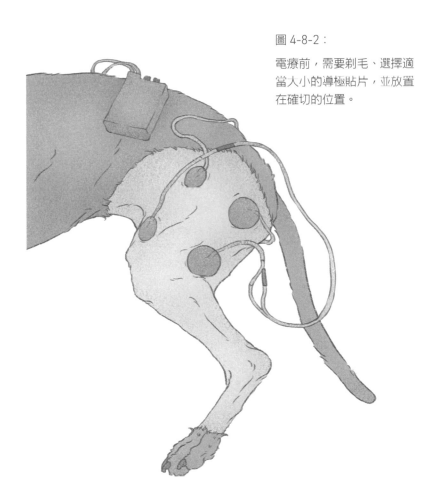

▌ 電療治療的目的

- 加速術後傷口癒合
- 減少術後組織水腫
- 減少肌肉痙攣
- 減少疼痛
- 重建肌肉組織功能幫助肌肉強化
- 增加關節活動角度

由於狗狗體型大小差異，除了設定合適的治療模式之外，也必須有大小合適的經皮貼片，以及特定肌肉正確的黏貼位置和方式，因此，市售非醫療級的電刺激儀器多數不適合用於專業治療。

▌ 電療的適用時機

電療主要的使用時機，包括了疼痛控制、幫助組織修復以及被動肌肉收縮等，由於每隻動物的體型差異度大，電療設定的條件變化也比較多。另外，每隻狗狗或貓咪可以耐受的治療強度也不盡相同，因此，在這邊還是要強調，必須由復健專業獸醫師操作最為適宜。

▌ 什麼時候可以施行電療？

進行疼痛控制
包括了肌肉骨骼系統的急性疼痛以及慢性疼痛，例如：骨科手術

之後的急性疼痛管理、椎間盤問題、馬尾神經症候群、肌肉緊繃以及骨關節炎的疼痛控制等。

幫助組織修復

在人的骨折病患，電療能夠促進骨質新生作用，加速骨癒合的速度。對於臂神經叢受損或橈神經受傷的病患，則能藉由電療的刺激，幫助神經傳導的修復。但目前在獸醫學領域沒有相關文獻。

被動肌肉收縮

避免慢性疼痛或術後疼痛造成的肌肉萎縮，在配合疼痛管理以及運動治療的情況下，增強肌肉的訓練。

另外，在進行電療時，電療導極擺放的位置也相當重要，一般市售用於按摩的電療機，除了不一定符合動物大小的需求外，條件設定上也無法依照動物需求進行微調，因此並不建議自行購買市售一般按摩用電療機幫動物進行治療，以免造成不預期的後果。

常見的電療方式：經皮神經電刺激與肌肉神經電刺激

人的物理治療發展比小動物要早許多，因此相對應的儀器也琳瑯滿目，尤其在物理治療會頻繁使用電療儀器，但專爲小動物設計的儀器則相對少見，在臺灣目前應該只有歐系品牌 Chattanooga 生產的 Intelect Vet 具有專爲小動物設計的電療治療程序，操作上相對比較簡易。當然臨床上，也可以選擇人使用的電療儀器進行條件的調整，同樣能達到相同的治療成效。

小動物常使用的電療模式其實與人相似，主要有：經皮神經電刺激(TENS)、干擾波(IFC)、以及肌肉神經電刺激(EMS)等三種。由於每一種電療的條件設定不一樣，因此使用上的目的也不同。

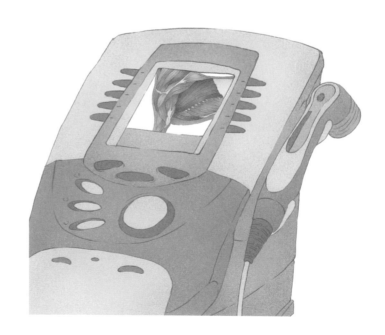

圖 4-9-1：Chattanooga Intelect Vet 小動物專用復健治療儀。

經皮神經電刺激（TENS）

也稱低頻波或低周波。指的是 1,000Hz 以下的電波。臨床上的使用，頻率通常落在 0Hz 至 100Hz 之間，如果是淺層肌肉痠痛或下背疼痛的情況，可以使用低周波來幫助緩解不適。

低周波止痛的基本原理有 2 個，一個是常用於處理急性疼痛的**閘門控制理論**，當 TENS 產生感覺訊號傳入時，會刺激神經元，抑制痛覺受器的訊息繼續向腦部傳遞，進而達到止痛的效果，不過效果通常無法持續很久。另一個原理則是用電刺激使身體產牛腦內嗎啡，和嗎啡類似的腦內嗎啡，能達到緩解疼痛的效果，一般可維持較久的時間，所以常用於紓緩慢性疼痛。

干擾波（IFC）

又稱為中頻波。電波的頻率在 1,000Hz 到 1,000,000Hz 之間，不過由於超過 10,000Hz 以上，容易產生熱的問題，所以臨床上，中頻波的使用範圍多在 1,000Hz 到 10,000Hz 之間。IFC 和 TENS 不同的部分在於，除了止痛效果之外，同時可以產生肌肉收縮，以達到按摩的效果、促進血液循環。另外，IFC 對組織的穿透度較好，可以到達較深層的組織，因此常用於下背疼痛、骨關節炎、肌腱炎以及肌筋膜疼痛等問題。

藉由簡單的介紹，可以讓大家了解電療的基本概念及治療原理、目的，在小動物的應用上跟人相似，但在適應症及使用時機上卻有著一些差異。另外，很多人可能對於電刺激有些許誤會，以為光靠電刺激就能夠將肌肉強度訓練起來，**事實上並不可能**！通常必須經過評估，並配合適當的運動治療，才有機會讓已經萎縮掉的肌群再重新建立起來。而市面上比較容易購買到的低周波治療儀，主要的功能也並非電刺激，所以當然也不可能停止或預防無自主收縮功能肌肉的萎縮過程。

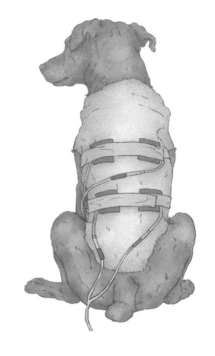

圖 4-9-2：干擾波治療。

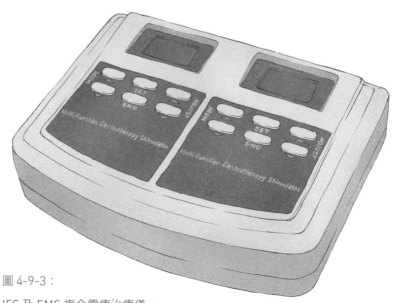

圖 4-9-3：

IFC 及 EMS 複合電療治療儀。

NOTE

. . . .

絕對不能犯的錯誤與禁忌症

動物用儀器的法規並不嚴謹，因此在市面上，不乏有宣稱療效的動物用電療儀，而人所使用的電療儀器也相當多種，其中多以低周波儀器爲主。雖然以人來說，可以達到的組織深度跟強度都有限，但若使用在體型較小的動物身上，就另當別論了！再安全的儀器或治療方式，都有可能因爲人爲操作失當而造成傷害，即使是安全便捷的電療，都有不可忽略的禁忌症必須知道。

我們可以先了解一下，電療在人的禁忌症有哪些。身上有植入的電子裝置（如心臟節律器等）是不能使用這類儀器的；有開放性傷口或有金屬植入物的部位，也不適用；另外，IFC 引起的肌肉收縮，有造成骨折部位的骨頭、肌肉、神經或新生血管斷裂的風險，所以一般也不太建議使用。

▌狗貓不建議施行電刺激的情況

- 裝有心臟節律器
- 患有癲癇
- 有血栓問題或血栓性靜脈炎的位置
- 有感染或腫瘤的區域
- 頸動脈竇
- 自主活動時
- 懷孕動物軀幹的部位

另外，有些情況之下，小動物在使用電療時也必須格外小心，例如感覺神經受損的區域、在皮膚有刺激或有受傷的區域附近，或在有電子監控儀器（例如心電圖）附近的區域等，一方面必須要監控電療的強度是否造成不適或傷害外，另一方面必須避免對於電子儀器造成可能的干擾。

所以我們可以知道，即使是網路搜尋跟購買都方便的低周波治療儀器，在人的使用上都必須格外小心了，若是真的想要使用在自己的狗狗或貓咪身上，建議還是諮詢一下復健專長的獸醫師。除了可以請獸醫師看看是否安全，也要確認儀器的電療種類跟強度，是否符合狗狗或貓咪的需求（例如需要電刺激 EMS 來延緩肌肉萎縮，卻錯誤選擇了低周波儀器）？使用時導極放置的位置，是否符合動物的需求？選擇的導極類型跟放置位置的準備是否恰當（例如是否需要剃毛或塗抹傳導膠來幫助傳導）？其實都和治療的效果跟安全性息息相關！

復健物理治療：原理及適用時機

理療雷射是近幾年被廣泛用於小動物復健的治療儀器。根據 2015 年的統計，在北美約有 20% 的小動物診所擁有雷射治療儀，而臺灣是在 2016 至 2018 年間開始引進各品牌的四級雷射治療儀，目前為止在小動物復健治療中應用最為廣泛。本篇將簡單介紹雷射治療的幾個重要概念，讓你不會一頭霧水。

▌ 什麼是雷射？

雷射 (LASER) 的全名為：Light amplification by stimulated emission of radiation，指的是用共振器將光增幅後獲得的人工光線。而使用光進行治療的概念已經行之有年，近年來不同類型的雷射也應用在醫藥與工業上。

圖 4-11-1：
太陽光或白光經過柱狀體後會分成不同波長，而雷射僅會產生單一波長。

▌ 雷射的特性

大自然中正常的可見光源如太陽光，也會散發電磁輻射，而與自然光源不同的是，人造光源產生的雷射具有單色、單波長、發散度小、凝聚性高等特性。

雷射

一般

圖 4-11-2：
雷射產生的光是凝聚的，而一般光則是不凝聚的。

雷射

一般

圖 4-11-3：
雷射光在經過一段距離時，並不會發散，而一般光則是會發散。

雷射的波長固定（能專一作用於吸收特定波長的發色團 Chromophores）、凝聚性高與發散度小（能夠治療身體特定區域）。市售的雷射儀器，會涵蓋 2 種或以上的波長，以達到不同的治療效果與目的。

而根據雷射對細胞的破壞程度，可分為高階、中階與低階雷射。高階雷射會造成細胞死亡，多用於組織切除；中階雷射會造成細胞破壞及蛋白質變性；而目前使用的理療雷射屬於低階雷射（Low-level laser therapy, LLLT），並不會造成細胞破壞或死亡，且會活化細胞，引起光療反應（Phototherapeutic reaction）。

▋ 雷射的治療原理

雷射調節細胞功能的過程，稱為光生物調節反應（Photobiomodulation），當使用非離子化的光源，被內源性細胞色素吸收後，會引起細胞內一連串的光物理及化學反應，進而產生生物反應及治療目的。

簡單來說，雷射原理為活化細胞，增加細胞的代謝速率，以達到紓緩疼痛、增加組織循環、降低炎症反應的治療目的。

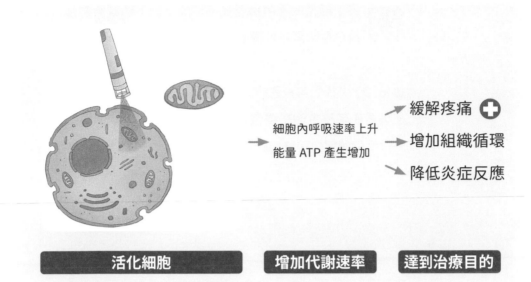

細胞內呼吸速率上升
能量 ATP 產生增加

緩解疼痛 ➕

增加組織循環

降低炎症反應

活化細胞　　增加代謝速率　　達到治療目的

圖 4-11-4：雷射的原理。

理療雷射儀屬於低階雷射，能夠穿透皮膚、到達目標組織，不會對皮膚產生傷害，在正確使用的情況下，無侵入性、副作用低且能達到治療效果。目前已被證實可應用於促進傷口癒合、組織修復、急性或慢性疼痛控制等，都有不錯的治療成效。（請參閱 P.260）

網 路上販售的雷射儀器能不能買？能不能買雷射儀
自己在家幫毛孩做治療？

這是門診中我們常被詢問的問題，在回答這個問題以前，
必須要先了解幾個重要觀念，才不會花了冤枉錢而買了
一個看似便宜但卻無用的儀器回家。

———————

理療雷射是一種有效且安全的治療方式，但在使用時應遵
循專業人員的建議和指導，建議諮詢獸醫，確保對寵物進
行適當的治療。

▌ 飼主必須知道的雷射重要觀念

⋮ 觀念一
雷射分級。
其實雷射儀器在日常生活中隨處可見，依照單位能量輸
出的大小、對組織穿透及破壞程度，可以將雷射區分成
表 4-12-1 的 4 個等級。

因此可以知道，「治療用雷射或理療雷射」落於第三級和
第四級，屬於單位能量輸出較高的雷射儀。雷射光與組
織間的作用，有反射、散射、穿透及吸收 4 種方式，
經反射或散射的雷射光不具有臨床效果，而且會對眼睛

表 4-12-1：雷射分級表。

第一級雷射	無組織傷害性	光碟機、雷射印表機
第二級雷射 1 mW	長時間注視，仍會影響視力	條碼掃描器
 第三級雷射 5 mW - 500 mW	**IIIA: 極短時間注視不影響視力** **IIIB: 直接注視，或經表面反射的雷射都會影響視力**	IIIA 雷射筆 (<5 mW) IIIB 理療雷射儀 (<500 mW)
 第四級雷射 >500 mW	**直接注視或經反射的雷射都會造成視力傷害，嚴重時失明**	治療用雷射 手術用雷射

 ：表示操作時需配戴合適波長的護目鏡

造成傷害，因此在使用的時候必須配戴相應波長的防護眼鏡，防止散射光的傷害。（詳細安全操作守則請參照 P.266）

觀念二

波長及能量大小，表示：

「對組織的穿透力程度及到達治療位置的光量」。

我們必須知道的是，雷射波長越短，穿透組織的能力也越弱，例如 660nm 的雷射，穿透組織的深度大約是 0.5 公分。四級雷射，因能量及波長較大，穿透深度深，可達深處治療位置的能量多。三級雷射，因輸出能量及波長較小，可達治療位置的能量非常有限，多半僅局限於表皮層及部分真皮層。不同組織對於不同波長能量的吸收效率也不一樣。

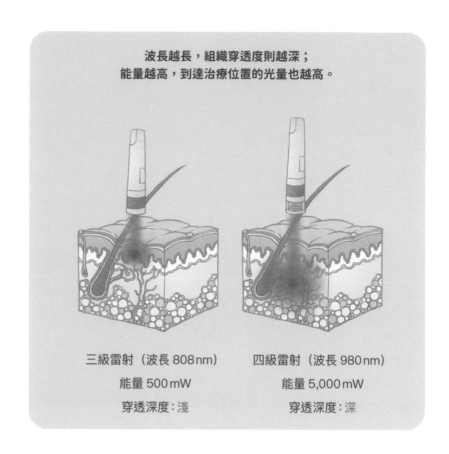

圖 4-12-1：三級與四級雷射波長之比較。

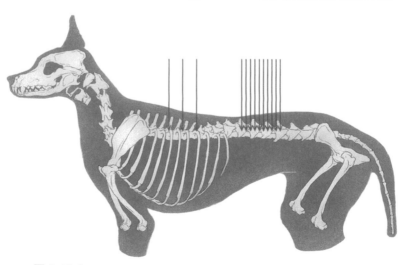

圖 4-12-2：

能量越高時，在相同波長所及深度，光子數較多。

◌ 觀念三

雷射治療的時間，取決於「治療劑量的計算」及「雷射儀單位能量輸出大小」而定。

首先，我們先來看能量的定義，能量等於單位時間內的焦耳數乘以時間。

雷射能量（Power）＝
單位時間內的焦耳數（Joules/Sec）× 時間（Second）

▌為什麼能量（Power）很重要？

治療目標為達到目標組織或器官的治療劑量，經由以下公式可以知道，照射的時間會與雷射儀單位能量輸出相關。

照射時間＝
$$\frac{建議治療劑量 \times 治療面積（cm^2）}{雷射儀單位能量輸出大小（Watts）}$$

不一樣的組織、深度以及雷射輸出的單位能量都會影響照射的時間。例如一般骨關節和肌肉不適，建議照射的劑量是 10 Joules/cm²，假設照射範圍是 50cm²，使用的是 5W（5 Joules/second）的四級雷射，那達到治療劑量的照射時間是（50cm² × 10 Joules /cm²）÷5W=100s，也就是 100 秒，而在

達到治療劑量後持續照射，並不會讓治療成效加成，只是徒增治療時間。另外，治療劑量指的是單次照射量，無法累加，並不能分成多次照射加總。

例：一般骨關節和肌肉不適，建議 * 照射的劑量是 10 J/cm²，
假設照射範圍是 50cm²，總能量 ＝10 J/cm² × 50cm² = 500J

使用 50mW 雷射儀

達到治療劑量的照射時間
500J ÷ 5mW
＝ 10,000 秒 ＝ 2.5 小時

使用 5W 雷射儀

達到治療劑量的照射時間
500J ÷ 5W
＝ 100 秒

治療劑量指的是單次就必須達到的劑量，並非多次照射累積的！

＊建議照射劑量參考文獻

經由治療劑量的計算也可以知道，單位輸出能量越低的雷射儀器，達到治療劑量所需的照射時間越長，例如 50 mW 的雷射儀，輸出 500 Joules 的照射時間為 500 Joules ÷ 0.05W = 10,000s，也就是 10,000 秒，大約是 2.5 小時！試想，如果使用低能量的儀器，並且要讓毛孩維持不動好幾個小時，是多麼困難的事情呀！

所以，在進行雷射理療時，必須清楚知道目標組織的特性、深度、雷射單位能量的輸出、適當的波長、頻率及治療劑量，並使用合適的儀器，才能達到最佳的雷射治療成效。

目前獸醫院內使用的理療雷射儀多為第四級雷射，至少包含有 2 種或以上的波長段，單位能量至少為 4 到 15 Watts，屬於醫療用儀器，平均售價為 60 至 100 萬元之間。每次治療會根據病患的適應症，選擇合適的治療模組，再進行治療。

而究竟網路上販售的半價雷射儀能不能買？這個問題的答案應該很明顯了，根據上述所提到的觀念，一一去檢視各個項目，最終要不要購買？是否能真的幫助毛孩？就由家長們自己決定囉！

只在醫院做：雷射

雷射的安全操作守則

不論是在獸醫院或居家治療，在進行任何治療以前，要先知道該如何正確操作使用雷射儀。因爲雷射會對視力造成傷害，嚴重會導致失明，因此，安全的操作守則能確保操作人員及動物的安全。

————————

醫療院所內使用的理療雷射儀，大多爲第三級或四級以上，此類雷射儀會散發可見光及不可見光的光束，然而，不可見光因落在肉眼不可見的範圍，常被忽略，當在操作時，就更容易意外造成對眼睛的傷害。（市售的雷射儀探頭會同時發射 LED 光束及聲音提醒，幫助辨別儀器是否在開啟狀態。）

我們知道肉眼直視太陽光，會造成對眼睛的傷害，所以會避免直視太陽光或戴上太陽眼鏡保護眼睛。同理可知，在操作雷射儀時，必須配戴保護鏡，同時也要了解以下幾個重點：

▌ 安全設備

配戴保護鏡

不同廠牌的理療雷射儀，雷射的波長區段不同，所以必須搭配隔絕**相對應波長**的保護鏡，才具有保護效果。

不直視雷射光束

雷射保護鏡目的是阻擋反射或折射的光束，目前市面上沒有任何一款保護鏡，能夠完全阻擋直接照射的雷射光，所以就算配戴保護鏡，也不能直視雷射儀的光束。

雙手蒙住眼睛的行為並不能取代保護鏡

先前提到波長越長，穿透深度越深。千萬別認為，用雙手矇住動物的眼睛，就能夠隔絕雷射光的傷害，因為理療雷射儀的波長能夠直接穿透你的手掌。

操作者與毛孩身上的飾品、牽繩都需拆除

雷射光和可見光一樣，都會被反射或折射，因此，操作雷射儀時，周邊應避免任何會造成反射或折射的表面或物體。例如：操作者身上的金屬飾品、手錶、金屬診療台、動物身上的牽繩等，以避免因反射或折射的雷射光造成對眼睛的傷害。

圖 4-13-1：

施做雷射時，毛孩也需配戴相對應波長的護目鏡，或用深色布或頭套蓋住眼部。也可以同時餵食小點心，讓毛孩轉移注意力，避免毛孩轉頭關注治療進行。

雷射操作安全　一要二不原則

要配戴護目鏡

不要直視

周邊不要放會造成折射或反射的表面或物體

不同廠牌的雷射儀，波長區段不同，要選擇隔絕相應波長的護目鏡

目前市面上沒有任何一款保護鏡，能夠完全阻擋直接照射的雷射光

不配戴飾品：手錶、戒指不在金屬製診療台上工作

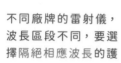

雷射護目鏡原理：隔絕折射或反射雷射光束。

表 4-13-1：雷射操作安全守則。

▌操作場所

在安靜不受打擾的空間進行，避免非相關人員進出。安靜的空間有助於動物放鬆，避免因動物掙扎而造成雷射局部熱傷害或照射至眼睛。操作人員皆配戴護目鏡，未戴護目鏡的人員出入，可能會受到雷射折射或反射的傷害。

▋ 操作重點

剃毛

照射區域建議剃毛。

計算表面積

計算治療區域的表面積（一張光碟片面積約為 10×10 cm^2）。

決定治療總劑量
深色皮膚的動物

治療劑量需調降 25%。

治療時間

根據使用的雷射儀瓦數，決定治療時間。

配戴護目鏡
雷射探頭需垂直於皮膚表面照射

直接接觸皮膚能減少雷射反射，傷口則建議使用非接觸探頭。

重疊格網方式照射

治療時採用重疊格網方式照射，確保治療平均分布至所有區域。

移動探頭

以每秒 4 至 6cm 速度移動探頭，並隨時確認探頭溫度。

以上為基本安全操作守則，詳細安全規範仍須參照使用之雷射儀的建議。

絕對不能犯的錯誤與禁忌症

從前幾篇文章可以知道，雷射治療能夠增加細胞的代謝速率，以達到紓緩疼痛、增加組織循環、降低炎症反應的目的，應用非常廣泛。本篇將探討雷射的適應症與其禁忌。

————

目前的研究證實，雷射治療可以應用在許多方面。在常見使用雷射治療的疾病有：傷口（如創傷或手術傷口、舔舐性肉芽腫）、骨關節炎、肌肉韌帶疾病、周邊及脊髓神經的傷害、急性及慢性疼痛控制。

雖然雷射無侵入性，沒有明顯副作用，但使用上還是要秉持著 Do no harm， **不造成動物傷害的原則**。除了照射眼睛仍為絕對禁忌症以外，過往因缺乏對於雷射治療及劑量的知識，而不建議使用雷射治療的某些情況，隨著醫療進步，根據使用的風險，可分為以下幾種情形：

[獸醫師的小叮嚀]

雷射治療為輔助角色，用以提升或促進治療效果，但不能取代原有的標準治療。

▍絕對禁止使用雷射照射眼睛

不論是直接或間接照射眼睛，就算僅是短時間的照射，也會造成視網膜上光受體細胞的永久傷害，而造成失明。

▍使用上有疑慮及特殊考量的狀況

❖ 局部注射藥物或疫苗部位

不建議在局部注射藥物或疫苗的區域進行雷射。

如果需要同時進行雷射治療及疫苗注射，建議在雷射治療後，再施打疫苗。因為雷射會誘發血管舒張，可能會影響藥物吸收及傳遞，而目前對於藥物效用是否會受到波長的影響也仍未知。如果家中毛孩近期內有施打疫苗或進行其他藥物注射治療，需要先告知獸醫師。

❖ 惡性腫瘤

在多個惡性腫瘤實驗中，經雷射照射後，某些腫瘤細胞會被刺激生長，某些不受影響，所以不建議在腫瘤區域及腫瘤手術切除區進行雷射治療。

未切除乾淨的腫瘤邊界禁止使用雷射，也不建議在因腫瘤而產生的不癒合傷口上使用雷射。

❖ 懷孕

懷孕的子宮不建議使用雷射。雖然目前尚未證實雷射會造成胎兒

畸形，但也沒有足夠的證據不會造成影響，在有疑慮的情況下，則不建議使用雷射。

▋ 需謹慎小心使用的情況

以下為使用雷射的風險高於益處，非不得已必須使用時，一定要謹慎操作。

❖ 開放的囟門及幼年動物的生長板

快速生長位置，富含快速分裂的細胞，雷射會提升代謝速率，長時間的雷射治療會使得生長板提早關閉，骨頭生長不一致，容易導致骨變形。

❖ 急性出血

雷射會引發短暫的血管擴張，所以當急性出血時，不建議使用雷射治療。

❖ 睪丸

雷射會刺激精子生成及活動力，但會破壞輸精管上皮層。低劑量、短時間照射陰囊及周邊皮膚能促進精子生成，必須小心使用。

❖ 甲狀腺

長時間、高劑量的雷射治療，會影響甲狀腺實質及濾泡分裂活動，但短時間、低劑量則能幫助控制自體免疫的甲狀腺發炎，減少藥物使用量。

▌ 被誤認為禁忌症，實際上能使用雷射治療的情況

✋ 深色皮膚、毛髮或刺青區域

深色較容易吸收光子，容易導致過熱，操作時必須調整波長

及劑量，並快速移動探頭，避免熱傷害。

✋ 植入物

體內的金屬植入物不受雷射照射影響，雷射能促進周邊軟組

織的修復，但金屬可能反射部分能量，建議降低劑量。

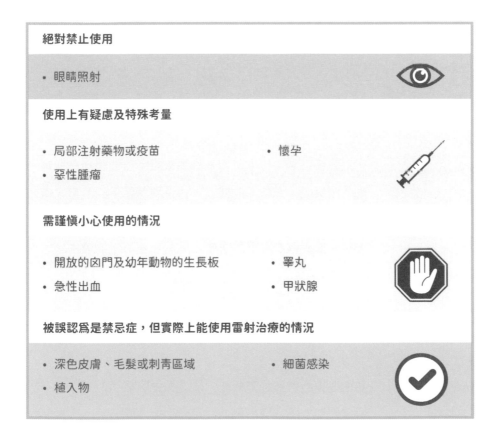

絕對禁止使用	
• 眼睛照射	👁
使用上有疑慮及特殊考量	
• 局部注射藥物或疫苗　　　　　• 懷孕 • 惡性腫瘤	💉
需謹慎小心使用的情況	
• 開放的囟門及幼年動物的生長板　• 睪丸 • 急性出血　　　　　　　　　　• 甲狀腺	✋
被誤認為是禁忌症，但實際上能使用雷射治療的情況	
• 深色皮膚、毛髮或刺青區域　　• 細菌感染 • 植入物	✅

表 4-14-1：雷射禁忌症及需要特殊考量的情況。

新興的復健利器︰原理及適用時機

震波全名爲體外震波 Extracorporeal shockwave therapy（ESWT），最早在 1970 年代應用於非侵入式的泌尿道結石治療，過程中意外發現震波能促進骨折修復，便開始將震波使用於多種肌肉韌帶骨關節疾病。

———————

在獸醫領域，震波最初被使用在馬匹的運動相關肌肉骨骼治療，小動物復健醫學則是近 10 年間開始發展，目前在美國各大學獸醫學院的復健中心，或是區域性小動物復健中心，都是不可或缺的主要復健治療儀器之一。

▌ 什麼是震波治療？

可以想像爲隔山打牛之術。簡單來說，震波是指在極短時間內匯聚成一大壓力的聲波，透過機器產生的能量，傳遞至目標組織，將有問題的組織先做微小破壞，身體收到信號後，進而促進修復的過程，屬於局部再生治療。

▌ 震波治療的原理

藉由能量傳遞到目標組織，能量產生直接的機械作用，組織間因壓力產生微小氣泡，當微小氣泡破裂時，會吸引大腦注意，再利用身體本身的能力來達到碎石、促進微血管

新生、增加幹細胞分化、減少發炎物質、增加生長因子等作用，進而幫助組織修復並降低疼痛。

如同打疫苗一樣，透過施打低量沒有活性或有缺陷的病毒，提醒免疫系統要注意，先開始準備抗體。震波也是相同原理，透過微小破壞，告訴身體要開始進行修復反應。

而與其他治療儀器的差異在於，震波爲低頻、低組織吸收性，而且不會產熱。白話來說就如同武林高手，擁有深厚內功，將具有治療的能量傳遞至深層組織，但較少受其他周邊組織干擾。

▌震波治療能治療哪些問題？

- 肌腱韌帶發炎
- 退化性肌腱炎
- 肌筋膜疼痛 （詳見 P.126 Ch2-12）
- 髂腰肌扭傷 （詳見 P.130 Ch2-13）
- 退化性關節炎 （詳見 P108 Ch2-10）
- 骨關節問題伴隨的慢性疼痛

針對肌肉骨骼疾病，震波治療提供了止痛藥物外的替代治療方式，特別是老年動物的慢性退化性關節炎，優點爲無侵入性、無需麻醉、副作用少、治療期短。要提醒的是，並非所有動物都適合使用震波治療，必須先經由專業的骨外科獸醫師評估診斷後，依照復健獸醫師的建議進行適合的療程。

碎結石與復健用的震波有什麼差別？震波種類又有哪些？

日常生活中，常聽到人醫領域使用體外震波治療腎臟及膀胱結石，或是關節疾病進行震波治療，心中一定充滿疑惑：「什麼？震波居然能有這麼多用途？」

以下就由我們幫大家解惑，關於震波的差異及種類。

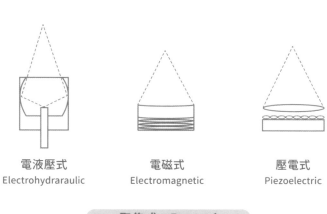

電液壓式
Electrohydraraulic

電磁式
Electromagnetic

壓電式
Piezoelectric

聚焦式　Focused

氣壓式
Pneumatic

放射式　Radial

圖 4-16-1：震波產生的方式。

如圖 4-16-1，震波產生的方式，有以下幾種：電液壓式、電磁式、壓電式及氣壓式，震波的傳遞方式則分爲聚焦式與放射式。而在臨床應用方面，分成高能量震波以及低能量震波。所謂的高能量震波，是一般運用於碎石術的聚焦式震波，在復健領域，肌肉骨骼疾病使用的則爲低能量震波。

聚焦式震波的優點，在於能量集中、能抵達的組織深度深，但缺點爲治療時的疼痛感明顯，產生的聲音很大（會伴隨著轟天雷般的嘣嘣嘣聲響），使用時動物需要麻醉或鎮靜，所以在小動物應用較不廣泛。近年來隨著儀器的改良，而有放射式震波的出現，放射式震波優點爲操作時的聲音小，疼痛感低，即便不需鎮靜動物，也能進行治療，因而廣泛應用於小動物復健領域。

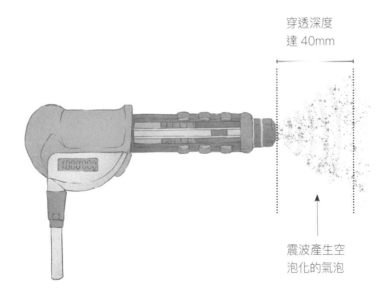

穿透深度
達 40mm

震波產生空
泡化的氣泡

圖 4-16-2：
常用於小動物的放射式氣壓式震波，治療時產生的聲音較小，疼痛感也較低。

不論是任何一種治療方式，都一定有優點與缺點。針對震波治療，這邊列出幾個門診中，家長們常見的疑問供參考，詳細的治療內容，建議與獸醫師討論。

————————

█ 震波治療會有什麼副作用呢？

最常見的副作用，就是治療部位的局部出血點與瘀青，有些狗狗會出現輕微的皮膚紅腫，這些皮膚的症狀大約在治療後 2 至 3 天會改善，一般不需要吃止痛藥物。

震波治療多用於退化性關節炎的輔助治療，作爲多方式治療的選項之一，能夠改善狗狗的負重功能以及被動式關節活動。患有退化性關節炎的狗狗，常因爲關節周邊的骨贅

圖 4-17-1：

震波治療髖關節後，局部會出現皮膚輕微紅腫，約莫 2 至 3 天會改善。

增生，而使得正常關節能活動的範圍減低，透過輔助治療，能改善關節的活動角度，達到如同給予止痛藥（非類固醇類消炎藥物）的效果。

▍什麼樣的情況不能使用震波治療？

基本上，復健獸醫師在進行治療前，都會根據狗狗的情況先做評估，但為了保險起見，如果狗狗有以下疾病，家長們應該事先告知復健獸醫師，避免造成不必要的傷害。

- **免疫疾病引起的關節疾病**
- **感染性關節炎**
- **腫瘤問題**
- **脊椎椎間盤炎**

* 以上 4 種情形使用震波治療，可能會引發腫瘤轉移或細菌擴散造成菌血症。

- **不穩定的骨折**
- **患有神經缺損的狗狗**
- **避免在充滿氣體的器官或空腔周邊使用**

可能會造成很大傷害。

- **避免在腦部、肺臟、心臟、主要大血管、神經使用**
- **避免在懷孕子宮使用**

可能會造成胚胎的肝、肺、腎臟受傷。

水中走步機：原理及適用時機

水療是經常聽見的復健治療方式，但是並非有機器、有人員、把狗狗放在機器裡面活動，就是復健治療了。復健治療是醫療行為，在沒有目的性、沒有專業醫療人員監控調整的情況下，這樣的活動很多時候是徒勞無功的……

▌水療的原理

本節簡單介紹水療相關的理論，目的是希望大家能夠了解，看似簡單的動作，其實內含意義很多。「水療」顧名思義就是利用水的獨特性質來幫助訓練相對的適應症，例如水的浮力、靜水壓力、水的黏滯性、水的擾流以及表面張力等，可以增加活動強度、心肺功能、肌耐力、關節活動角度和整體的活動功能。

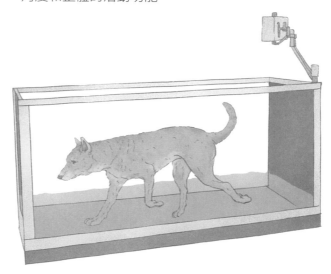

圖 4-18-1：狗狗在水中走步機。

水的特性	· 水的浮力	· 水的擾流
	· 靜水壓力	· 表面張力
	· 水的黏滯性	
水療的效果	· 增加活動強度	· 關節活動角度
	· 心肺功能	· 整體的活動功能
	· 肌耐力	

表 4-18-1：水的特性與水療效果。

水的特性

浮力

浮力會因爲水面下體積的多寡而異，因此沒入水面下體積越多，身體所受的浮力越大，能夠適當減少肢端骨頭和關節的負重。讓病患在水中進行運動治療時，以更少關節壓力及最低不適感的情況下，盡早開始訓練肢體功能。

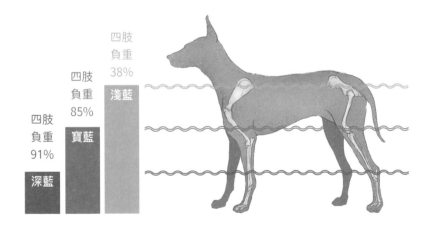

圖 4-18-2：藉由水的浮力，水位越低，四肢承受體重的比例越高。（淺藍水位，四肢負重原有體重的 38%。寶藍水位，四肢負重 85%。深藍水位，四肢負重 91%。）

靜水壓力

在同一深度的水和身體接觸面會有相同的靜水壓力，水越深，靜水壓力越大，因此在這樣水的特性下活動，可以幫助遠端肢體的循環，達到消除水腫的效果。

滯性及擾流

水分子間的結合能力構成了水的黏滯性，也就是為什麼我們在水中行走時，必須比在陸地上使力。另外，在水中移動身體時，會產生不同方向的力，即形成了擾流，這樣的現象也會增加活動的難易程度，達到訓練的實質效果。

表面張力

表面張力也和水的黏滯性息息相關，在液體及空氣的交界面，就像覆蓋了一層塑膠層一般；活動時，當肢體抬出水面必須使用更多的力量，才能夠打破這層虛構的塑膠層。因此，藉由調節水位高度，除了改變浮力之外，也改變了對抗表面張力的目標位置，藉此強化目標肌群及關節。

▌ 常見的水療適應症

在臨床統計上，最常見需要水中運動治療的適應症為前十字韌帶問題、髖關節發育不全問題、骨關節炎問題（包含肩關節、肘關節、髖關節或膝關節）、椎間盤疾病問題、脊神經或腦神經退化問題以及肥胖問題等。

▍水療的條件

在完成評估以及水中運動治療的方式選擇後，接下來，我們必須要
考慮的水療條件包括：

游泳	游泳的時間
	水中活動的形式（直線、八字等）
水中走步機	水溫
	單次的水療時間
	水療行程（持續式或脈衝式）
	水療速度
	水溫
	水位高低
	坡度設定
	是否使用浮力球或彈力帶的輔助訓練

表 4-18-2：需考慮的水療條件。

從表 4-18-2 中可以看到，游泳以及水中走步機，兩種活動著重的
訓練目的是不一樣的！因此，我們要再次強調**診斷**的重要性，沒
有診斷的治療可能是非必要的，有時候甚至可能造成慢性傷害。另
外，因爲資訊的發達，網路上可能可以看到許多個人經驗分享的水
療方式，建議確認分享人的資訊出處以及撰文者的學經歷，避免助
長傳播錯誤資訊，延誤或影響正確的治療效果。

泡澡等於水療？網上常見的錯誤觀念

經過前面章節的介紹，大家就會知道，其實水療跟泡澡絕對不能混爲一談，之所以會有這個篇章出現，主要是因爲在網路上，不乏有人在社團分享「在家水療」或所謂的「居家水療」，甚至天眞的告訴大家，泡澡也是一種水療等徒勞無功且錯誤的觀念。

———————

水療在定義上，認定是在有專業知識人員的監控下，於水中作有效率的目的性訓練，包括關節活動角度、肌肉強度、神經傳導及動作協調性以及部分病患的心肺功能等。因此我們在水溫、水位高度、活動強度上的考量都是非常小心的。

▋ 水療的適合溫度

一般泡澡的水溫，多數在攝氏 42 至 45 度左右，對於眞正的水療來說都是過高的。在人醫的部分有蠻多專業的研究論文可以參考，綜合多篇研究報告，我們可以知道幾個重要的資訊：

- 40°C以上的水溫會使心跳速率上升
- 40°C以上的水溫會使心輸出增加
- 40°C以上的水溫會使呼吸頻率增加
- 在水中因爲靜水壓力的影響，會使呼吸相對用力

基於以上幾個理由，目前多數小動物復健教科書或專科醫師，都是不建議對有心臟或呼吸問題的動物進行水療，其他不適合水療的情況還包括有傷口、有皮膚問題、急性肌肉或肌腱傷害或骨折以外固定修復的病患等，可參考 P.288〈Ch4 20：（水療）絕對不能犯的錯誤與禁忌症〉。

另外，比較常有人問的問題是：「水療的溫度太涼了！會不會著涼？」

答案當然是不可能的。人的平均體溫在攝氏 36.5 度，而四肢體表的溫度大約在攝氏 28 至 33 度，四肢對於溫度的感受性多數都是相對的。所以夏天時，攝氏 33 度的手浸入 30 度的水中，感覺就是涼的，但事實上，水溫已經和室溫相同了。

狗狗水療時的水溫，一般建議在攝氏 30 至 34.4 度，根據研究報告指出，在這樣的溫度下，進行水中走步機運動時，狗狗心跳速率、呼吸頻率以及體溫都會有緩慢上升的情況，但在這個溫度範圍內並沒有顯著差異性。

▍水療的注意事項

我們知道水療的好處非常多且安全性很高，但是得建立在非常了解這項治療的前提下，在這邊也提醒水療必須注意的幾個小細節：

水溫	攝氏 30 至 34 度
水位高度	視需求及治療目的
活動期間的監控	呼吸狀況、心跳速率等
動物的情緒反應	是緊繃害怕的，還是開心放鬆的
水療的目的和強度	依適應症的不同而異

表 4-19-1：水療的注意事項。

在英國以及美國都有針對小動物水療開設相對應的認證課程，而且分成不同級別進行教學跟訓練，在完成全部訓練後，即可成為專業的「小動物水療師」，因此，再次強調，水療不是一項適合自行在家嘗試的復健活動！

圖 4-19-1：專業獸醫師在旁執行的水療（水中走步機）。

絕對不能犯的錯誤與禁忌症

在第四章中可能已經出現過多次，但這邊還是要再強調一次——水療的確看似沒什麼危險性，但在缺少適當評估或專業人員操作的情況下，都還是有可能因為一些簡單的問題，而導致不等程度的傷害性。因此，我們必須了解水療的一些安全準則以及哪些情況其實是不適合水療的。

————

水療要考量的資訊非常多，因此，必須經由獸醫師確診問題，再由復健獸醫師評估並設計合適的水療療程。

▌ 復健獸醫師的評估準則

毛孩的生理方面	骨關節狀況
	神經功能
	心肺功能
	呼吸狀況
	整體皮膚健康情形
	有無可見傷口
毛孩的 心理行為層面	病畜的個性
	有無攻擊性
	是否過度緊迫
	能否以食物引導活動
	是否需要多元的水療環境
飼主的經濟狀況 與 配合程度	是否能夠負擔預期療程的費用
	是否能夠配合理想的水療頻率
	是否符合飼主期待的治療方式

表 4-20-1：
復健獸醫師評估
的三大準則。

水療禁忌症
有手術或開放性傷口
有嚴重心肺問題
有嚴重呼吸問題 (例如短吻犬)
過度緊張甚至有攻擊行為
神經功能喪失至完全無自主活動能力
有皮膚問題
有下痢或嚴重嘔吐問題
有泌尿道感染問題
沒有專業動物醫療人員在旁監控

表 4-20-2：水療的禁忌症一覽。

手術後的水療時機？

對於手術後的水療時機，獸醫師們抱持著不同的看法。有些醫師認為，仕骨科手術傷口完全癒合前，就應該下水進行復健治療；有些醫師則擔心會有增加感染風險的疑慮，因此認為必須等到傷口完全癒合之後才適合下水活動。

我們抱持的看法，會把這件事情分成 2 個層面。

第一個層面是術後傷口癒合跟恢復狀況是否穩定的問題，必須確認傷口乾淨且沒有腫脹或滲出液的情況，再進行下一步的復健治療，所以較安全的做法是等到傷口拆完線後，再考慮是否進行水療。

第二個層面是，不下水進行水療不代表沒有復健治療，仍然有許多其他方式可以達到相同的治療目的，水療並不是唯一的途徑，所以可以依照病患恢復的狀況，不同階段進行不同的復健治療建議，在安全無虞的情況下再下水進行水療，是比較合適的做法，也就是說，不是越早把動物丟下水去活動就是越好的做法！

水療也並非復健治療的唯一途徑，仍有許多其他方式可以達到相同的治療目的。

▊ 水療的併發症

在專業人員監控下的水中運動治療，安全性是相當高的，不過臨床上仍然有些無法預期的併發症。在統計中，最常見的是皮膚問題，其次是肢體擦傷，再來是結膜炎、外耳炎和呼吸問題等。這些比較容易發生在定期游泳的病畜身上，水中走步機運動可能是因為機器的安全性較佳、單一個體使用專屬用水、全程由專業人士在旁陪同，所以併發症相對較少。就像人泡溫泉有分大眾池與個人池，比起定期游泳的毛孩，使用水中走步機的毛孩，併發症可能較少。

經過一定篇幅的介紹之後，可以發現還有相當多的細節能深入探討，所以我們可以知道，**水中運動治療其實不是一項簡單的治療程序，並不是一項絕對適合自行在家嘗試的復健活動！**在英國以及美國甚至都有針對小動物水療開設相對應的認證課程，而且分成不同級別進行教學跟訓練，在完成全部訓練後，即可成為專業的小動物水療師。

NOTE

· ·

5

小動物的
居家照護

不論是年老或疾病，家長們在提供毛孩居家照護扮
演最重要的角色，更是第一線的觀察者。居家照護
不僅需要注意毛孩體態外觀，提供均衡飲食及保健
品補充。同時，設計一個友善且舒適的環境也非常
重要，特別是癱瘓動物的照護，本篇針對常見且容
易忽略的重點進行介紹。

體態評分指標 BCS、肌肉質量指標 MCS

你以爲的壯不是壯！體態評估

小動物的復健治療，很多時候除了儀器、徒手跟運動治療之外，還有一項非常重要的項目就是體重管理！根據非官方統計，也就是作者近 10 年的小動物復健治療臨床經驗而言，大約有 9 成患有骨關節疾病的狗狗，都有體態過胖的問題。過胖除了會導致已經有問題的關節惡化快速之外，正常關節在不正常負重的情況下，也會增加受傷及退化的風險。

因此，體重管控在小動物復健治療是一個相當嚴肅的議題，必須認眞看待體態過胖這件事情，以免影響到整體的復健治療成效以及小動物的生活品質。

————————

「我們家狗狗只是骨架子比較大，不是胖啦！」這些是醫師在臨床上常聽到主人對於自家動物的體態描述。當然，針對個體而言，體重絕對不是衡量一個動物是否過胖的指標數字，因爲狗狗的種別體型差異實在太大了，例如一隻 10 公斤的吉娃娃跟 11 公斤的柴犬，誰是胖的呢？

因此，在做體態評估時，除了體重之外，我們必須借助**體態評分以**及**肌肉狀態評分**來幫助我們更了解狗狗的實際身體狀態。當然在整個評估、診斷以及治療的過程中，最重要的是幫助飼主認淸狗狗有過度肥胖的問題，要先確認問題達到共識，才有辦法控制或解決問題，進而達到雙贏的局面。

▎ 什麼是體態評分 Body condition score, BCS？

體態評分是用來評估動物身體脂肪含量的方式之一，目前有許多不同的系統，不過在臺灣常被使用的是 WSAVA 的 9 分制系統，狗狗跟貓咪都依照身體各部位的型態分成 9 個等級，而標準的分數是4 至 5 分，不過有為數不少的主人會認知在這個分數的動物是過瘦的，因此這邊會透過各個分數的詳細描述，讓大家能夠理解為什麼獸醫師會說你的狗狗體態是剛剛好。

🐾 BCS 1
遠處即可明顯看見肋骨、腰椎、骨盆及所有骨頭隆起處，看不出任何體脂肪且肌肉明顯喪失。

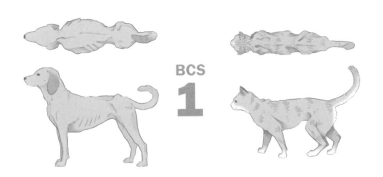

🐾 BCS 2
可輕易看出肋骨、腰椎及骨盆，觸摸感受不到脂肪。可見一些其他骨頭隆起處的痕跡，例如大轉節跟肩胛骨，有非常少量的肌肉喪失。

◌ BCS 3

可輕易觸摸到肋骨，看得出脂肪，但觸摸感受不到脂肪。可輕易看見腰椎頂端的脊突，骨盆明顯且腰部與腹脇部明顯內縮。

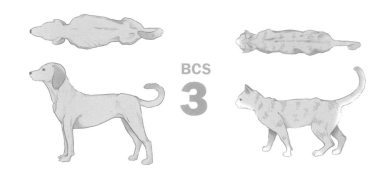

◌ BCS 4

可輕易觸摸到肋骨，且能感覺到有極少量脂肪包覆，從上方看可輕易看出腰線，腹脇部明顯內縮。

◌ BCS 5

可輕易觸摸到肋骨，且有適當脂肪包覆，從上方看可看出肋骨後方的腰線，側面可見腹脇部上提，貓咪在腹部則有少量脂肪墊。

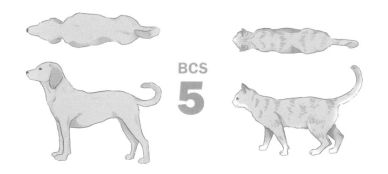

◌ BCS 6

可觸摸到肋骨，包覆肋骨的脂肪些微過多，從上方可略微看出腰部，但不明顯，腹脇部明顯內縮。

BCS 7

難以摸出肋骨且有過多脂肪包覆，腰椎與尾巴底端可見部分脂肪堆積，任何方向幾乎辨別不出腰的部位，腹脇部可能有內縮，貓咪腹部則有中量的脂肪墊。

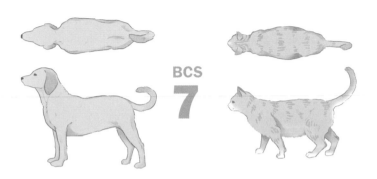

BCS 8

肋骨處有非常多的脂肪包覆，無法觸摸到，或用力觸摸才摸得到。腰椎與尾巴底端堆積大量脂肪，已經辨別不出腰部，腹脇部未呈現內縮，腹部可能有明顯膨脹的情況。

BCS 9

胸部、脊椎與尾巴底端堆積非常大量的脂肪，腰部與腹部未呈現內縮，脂肪堆積在頸部與四肢，腹部明顯膨脹，貓咪腹部則會有大量的脂肪墊。

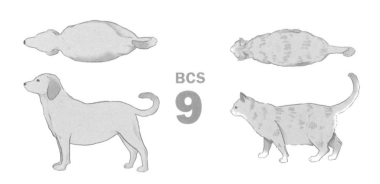

█ 什麼是肌肉狀態評分 Muscle condition score, MCS ？

肌肉狀態評分又跟體態評分不一樣了，主要是針對肌肉的質量去做評估，這個系統幫助我們更詳細描述小動物的身體狀態，評估的項目包括顱骨、肩胛骨、腰椎以及腸骨（骨盆）的目視檢查以及觸診。典型的肌肉喪失，最早開始的部位是脊椎兩側的軸上肌，而其他部位的肌肉變化則會複雜很多，因此藉由軸上肌的變化，肌肉狀態評分主要分級成正常、輕度肌肉質量喪失、中度肌肉質量喪失以及嚴重肌肉質量喪失。

必須要注意的是，即使是體態評分過重的動物（BCS>5），都可能存在著嚴重肌肉質量喪失的情況，相對的，體態評分過瘦的動物，也可能只有輕度肌肉質量喪失的狀態，所以綜合體態評分以及肌肉狀態評分，才能更詳實描述動物的實際身體組成狀態，進而幫助小動物復健獸醫師制定合適的復健治療療程，以及體重控制規劃等，進而達到改善肢體運動功能及改善生活品質的目的。

圖 5-1-1：
脊椎兩側軸上肌略凸出，脂肪肌肉都有一定厚度。

肌肉質量正常

圖 5-1-2：
脊椎兩側軸上肌約和脊突高度相當，肌肉厚度略微減少。

肌肉輕微喪失

圖 5-1-3：
脊椎兩側軸上肌高度略低於脊突高度（約 1/3），肌肉厚度明顯減少。

肌肉中度喪失

圖 5-1-4：
脊椎兩側軸上肌高度明顯低於脊突高度（約 1/2），肌肉厚度嚴重減少。

肌肉明顯喪失

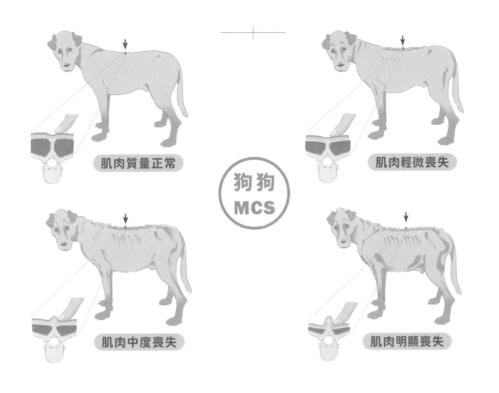

肌肉質量正常

肌肉輕微喪失

狗狗 MCS

肌肉中度喪失

肌肉明顯喪失

肌肉質量正常

正常的肌肉質量，摸
起來會如手心厚實。

肌肉輕微喪失

輕微的肌肉流失，摸
起來如手掌攤開時，
手背關節處的觸感。

貓咪 MCS

肌肉中度喪失

中度的肌肉流失，摸
起來如手掌微彎時，
關節處觸感。

肌肉明顯喪失

嚴重的肌肉流失，摸
起來如手握起時，關
節處觸感。

友善環境該怎麼規劃?

般常見的骨科疾病,不論手術之前或手術之後,對於環境都必須做些改變,尤其對於有慢性骨關節炎問題的狗貓,正如前幾章所介紹的,骨關節炎是一輩子的問題,所以建立友善環境可以幫助減緩慢性骨關節炎的進展速度,也可以降低二次性關節傷害的風險。

除了上述提到的慢性骨關節炎,規劃環境時也須考慮到毛孩是否有其他慢性疾病,例如老年動物認知障礙或視力減退,同時也要考量到毛孩原有的生活習慣:如廁及用餐位置等,在規劃時可朝以下幾個方向改善,再根據毛孩實際使用狀況隨時進行調整。

▋ 環境注意事項

☁ 止滑

我們身處都市,多數家裡的地板材質都是瓷磚、超耐磨地板或大理石地板,對健康的動物來說,都已經算是不

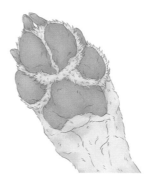

圖 5-2-1:
左圖為狗狗過長的腳底毛,修剪至如右圖,完整露出肉墊即可。

太友善的地面環境，更何況是患有骨關節疾病的毛孩。患有慢性骨關節炎的毛孩會失去部分的本體功能，讓牠們更不容易在光滑的表面上行走，建議在家中毛孩的活動區域，鋪上地毯或止滑墊輔助。

同時，你可以試著觀察家中小動物在家裡站立的姿勢跟活動的型態。在滑的地面環境下，牠們多數會為了適應過滑的地面環境，而改變正常的負重比例。例如，原本前肢的正常負重比例，是身體體重的 60%，但為了避免滑倒，會使得前肢負重的比例增加。

可以想像一下，如果人倒立活動 1 天、2 天，對於手臂關節的影響可能不大，但是持續 5 年、10 年，必定對於手臂關節會有一定程度的影響跟傷害。另外，長期後肢負重比例降低，會導致後肢部分肌群一定程度的萎縮。所以，對於有先天或後天骨科異常疾病的動物而言，不友善的地面環境影響會更為劇烈。

除了地面環境以外，也要注意狗貓的指甲或腳底毛是否過長，尤其是狗狗和長毛貓。當腳底毛過長時，會影響肉墊與地面間的摩擦力，造成腳底易打滑。而指甲過長時，會使得站姿改變或影響走路姿勢，嚴重時也可能出現指甲倒插，流血化膿的情況。

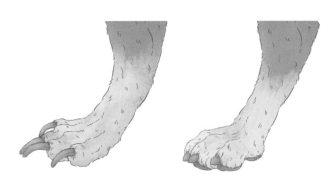

圖 5-2-2：

左圖為狗狗的指甲過長，造成站姿受影響。正常的指甲長度，為站姿時，指甲剛好接觸地面或與地面有點距離。

圖 5-2-3：
在狗狗習慣活動的沙發、床或椅子的
區域，放置適當的階梯或斜坡。

圖 5-2-4：
大型犬外出時可配合使用斜坡，輔助
上下車。

減少高低差

解決了地面環境過滑的問題後，大概就解決了 8 成的環境問題，
接下來就是最難控制的跳上跳下問題了。多數的狗狗都是活潑好
動的，健康的毛孩在良好的止滑之後，穩健的跳躍其實並不會造
成問題，但是有骨關節疾病或脊椎問題的毛孩，則建議還是盡量
避免高低落差太多的垂直活動。因此，建議在狗狗習慣活動的沙
發、床或椅子的區域，放置適當的階梯或斜坡，並適當以獎勵的
方式，引導牠們走階梯或斜坡到達牠們的目標位置。另外，大型
犬外出時，也可使用斜坡，減少上下車跳躍的動作，如此可以避
免因過度頻繁或過度劇烈的垂直活動，減低骨關節或脊椎疾病的
傷害。

▋ 限制活動範圍

健康或有慢性骨關節炎的狗狗，除非有急性炎症疾病，才須暫時限制活動，不然一般是不需要特地限制活動區域的。因此，我們可以知道限制活動範圍的目的，是希望狗狗能夠多休息，避免反覆性的傷害或二次性的傷害。

限制活動範圍有一個非常重要的重點是人家都容易忽略的，而這個重點卻是多數醫師最在意的，同時也是限制活動範圍最主要的目的——除了水下面的活動範圍需要限制外，垂直面的活動範圍限制也非常重要。所以，其實最理想的活動限制是關籠。當然，限制活動範圍也有程度上的差異，嚴格的限制活動範圍，在獸醫師的認知上就是關籠靜養，也只有這樣，狗狗才能夠得到真正的休息。限制活動範圍的時間跟程度，會因為手術種類以及復原速度而異。但多數骨科手術之後，在有配合復健治療的情況下，嚴格限制活動範圍的時間大約只需要 5 至 7 天；而脊椎問題的狗狗，在配合復健治療的情況下，建議嚴格限制活動範圍的時間大約是 6 到 8 週。

▋ 注意環境溫度

天氣寒冷時，盡可能讓毛孩處在溫暖的環境中，尤其要注意關節的保暖，維持關節周邊組織的溫度，有助於關節活動。室內外溫差大時，外出前可幫毛孩穿上保暖衣物，出發前建議可在家中先活動一會，熱身完再出門散步。清晨或傍晚溫度較低時，也可以熱敷關節，並配合做被動伸展，活動關節。（可參照 P.220 的熱敷章節）

▌貓咪要另外注意的部分

除了以上狗貓通用的環境規劃，患有骨關節炎的貓咪會因關節疼痛，而使得排泄行為改變，偶爾會出現便尿在貓砂盆外的情形，建議貓砂盆做以下調整：

換成容易進出的貓砂盆，貓砂盆至少要有一側出入口高度是低於 8 公分，讓貓咪能夠直接進入而不需要跳躍。並選用尺寸大的貓砂盆，讓貓咪能夠自在的在盆內轉身。

如果找不到合適的市售產品，也可以根據以上建議，自製專屬於貓咪的貓砂盆。

如果家中空間較大，或有多個樓層，建議多提供幾個貓砂盆，尤其是貓咪常活動的位置。

圖 5-2-5：以收納箱自製貓砂盆時，可以在其中一側再挖一個低於 8 公分的出入口。

NOTE

· ·

癱瘓動物的照護要點

癱瘓的原因非常多樣，每隻狗狗癱瘓的程度也不完全一樣，所以活動能力也會有所差異。另外，年齡、體重、便溺控制能力以及是否有其他系統性的疾病，都會讓癱瘓動物照護呈現不同的複雜程度，這邊主要介紹一些基本的照護須知之外，也特別提醒幾項癱瘓動物比較容易被忽略的問題，期望對照護癱瘓動物的飼主有些實質上的幫助。

———————

照顧癱瘓動物是一項具有挑戰性的任務，需要耐心和細心，但當你給予牠們足夠的關愛和照料時，牠們也能擁有美好的生活。

▌ 環境的設置要點

疾病初期必須保護好剛癱瘓的動物，避免二次性傷害！

狗狗貓咪在癱瘓初期，一般必須經過 6 至 8 週嚴格的活動限制時間，原因是在行動不夠穩定的情況下，容易跌撞，因此造成二次性傷害的機率就會增加。所以在疾病發生初期，環境跟活動空間的限制就變得格外重要。後肢癱瘓動物的支撐重心會前移，因此整體前肢的負擔會增加，所以生活環境上的設置可以做一些改變，避免前肢關節的二次性問題或癱瘓肢端的擦傷問題：

🐾 活動區域的軟墊設置

可以選擇 1 公分到 2 公分厚度的瑜珈墊、遊戲地墊或巧拼，增加地面柔軟度以及摩擦係數，避免癱瘓動物因支撐能力不足，反覆跌撞造成的傷害。

🐾 活動區域的櫃子、桌子或擺設的邊緣

盡量避免尖銳的直角，建議移除。若無法移除，嘗試用防護套或防護貼條，但要非常小心，因為狗狗或貓咪還是有啃食或吞食的可能性。

▌ 軟墊的選擇

四肢癱瘓的動物必須要勤翻身，避免壓瘡（褥瘡）產生！

四肢癱瘓的動物跟半身癱瘓的動物在軟墊的選擇上有些不同，一般有幾個考量的要點：

🐾 軟墊的大小

最好選擇符合動物身體長度跟側躺寬度大約 1.5 倍的大小，讓照護者仕翻身或動物自主活動時，不容易超出或離開軟墊，造成肢體遠端不預期的壓瘡。

🐾 軟墊的厚度

目前沒有非常制式的準則。由於軟墊或床墊的材質不同，厚度也不是一個絕對的標準，但一般 15 公斤以下的狗狗或貓咪，可以選擇 3.5 公分以上的軟墊，多數足以達到減壓跟緩衝的效果。15 公斤

以上的狗狗在軟墊的選擇上就必須費心些，由於重量較重，除厚度要注意之外，還必須確認地墊或床墊材質是否有足夠的支撐效果？是否會因爲長時間躺臥而下沉？以及是否會有局部觸底的情況等。

軟墊固然是預防壓瘡或褥瘡重要的一個環節，但別忘了，最重要的還是姿勢的變換，也就是翻身。通常建議翻身的頻率是 2 至 4 小時翻身一次，如此比較能夠預防受力部位產生褥瘡。

▌ 褥瘡的分級

根據日本壓瘡科學教育委員會（JSPU）建立的褥瘡狀態評價及分類指標（DESIGN），可以將褥瘡分成如圖 5-3-1 的 5 個等級。這樣的分級主要是讓我們了解，受影響的組織深度跟癒合修復需要的時間呈正相關，級數越高，需要修復的時間也越長。另外，也是提醒我們，在照顧四肢癱瘓的病患時，必須撥開毛髮定期檢查特定壓力面，觀察是否有早期褥瘡的跡象，避免嚴重褥瘡的生成。

▌ 飲食的選擇

癱瘓動物的飲食，原則上和正常動物沒有太大的區別，唯一需要注意的是熱量的攝取。癱瘓動物的活動量一般會比正常動物的活動量要低，因此攝入過多的熱量容易造成肥胖，繼而引發其他系統性的問題，所以癱瘓動物仍然建議定期測量體重，並保持在標準值的適當體態（可以參考 P.294 Ch5-1〈你以爲的壯不是壯！體態評估〉）。

圖 5-3-1：褥瘡的分級示意圖。

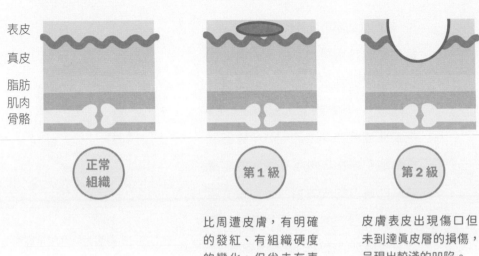

表皮
真皮
脂肪
肌肉
骨骼

正常組織

第1級

比周遭皮膚，有明確的發紅、有組織硬度的變化，但尚未有表皮破損的情況。

第2級

皮膚表皮出現傷口但未到達真皮層的損傷，呈現出較淺的凹陷。

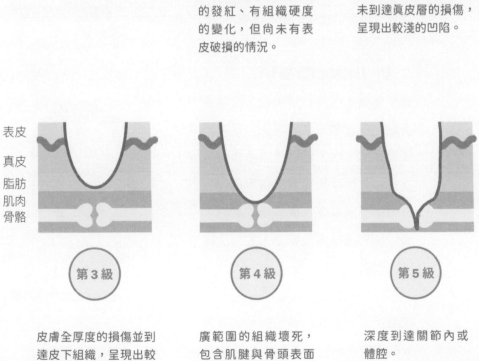

表皮
真皮
脂肪
肌肉
骨骼

第3級

皮膚全厚度的損傷並到達皮下組織，呈現出較深的凹陷，鄰接組織也產生可見的下陷。

第4級

廣範圍的組織壞死，包含肌腱與骨頭表面等損傷。

第5級

深度到達關節內或體腔。

▊ 便溺的照護重點

排便上的照護可以大致區分成 2 個情況：

🐾 肛門括約肌仍具有張力

糞便不會持續排出，多數癱瘓動物
屬於這類的情況。因此，只要沒有
拉肚子，一般照護上比較單純簡易，
在擠尿或肛門刺激的同時，糞便就
能夠順利排出，後半身腹側的皮膚
或肛門週邊的皮膚相對也比較不容
易因為排泄物的長時間刺激，而造
成皮膚發炎或皮膚灼傷等問題。

圖 5-3-2：有張力的肛門示意圖。

🐾 肛門括約肌不具有張力

糞便或糞水可能持續排出，這樣癱
瘓動物在日常生活照護上，是具有
挑戰性的！除了環境清潔不易維持
之外，肛門以及周邊皮膚容易有發
炎灼傷或泌尿道反覆感染的問題，
使得狗狗貓咪本身或主人生活品質
維持不易。

圖 5-3-3：無張力的肛門示意圖。

建議可以穿上動物專用的紙尿布，
並勤更換，最好每 2 到 4 小時檢查
更換一次，減少排泄物直接接觸皮膚的時間。另外，可以每 8 至
12 小時人工掏除後段腸道的糞便，也是能夠幫助減少糞便接觸
皮膚機率的一個方式。

▊ 泌尿系統的照護重點

癱瘓動物或多或少都會有不等程度的排尿問題，例如排尿困難或尿液排空不完全等，所以**擠尿**這件事情在照護癱瘓動物上，是絕對必須面對的一個挑戰！無法自行排尿動物的擠尿頻率，比較理想的時間是 4 到 6 小時一次，粗略地說也就是至少一天 3 至 4 次。

首先必須先知道的是，癱瘓動物的膀胱可能因為神經問題影響的程度跟區域不一樣，大致可以區分成兩種：

張力正常的膀胱

在觸摸或擠壓的時候，我們會感覺到一個有一定硬度、形狀跟大小的**水球**，受到一定的壓力之後，尿液就可以順勢排出並排空，這類的膀胱可以想像成氣球裝滿水一樣。

不具張力的膀胱

可以想像成一個大的塑膠袋，裡面裝著水，當你捏住這個裝水塑膠袋的一側時，水會很自然跑到另一側，你手放鬆之後，水會再回到原來的一側，這就表示這樣的擠壓，無法真的造成膀胱內整體壓力的上升，因此尿液無法被擠出排空！所以這類的膀胱很多時候是比較容易找到，但不容易完全擠乾淨，在照顧上是相對更具挑戰的。

▋ 擠尿須知

第一次在練習擠尿的時侯，有 3 個重點：

- 🐾 **辨認膀胱的位置**
- 🐾 **掌握膀胱的手勢**
- 🐾 **施力的方式**

公畜跟母畜的膀胱解剖位置可以參考圖 5-3-4。膀胱是一個比較游離的臟器，所以依據個體和膀胱大小不同，會有些差異，第一次可以先由獸醫師確認教導比較安全。

尋找膀胱的練習可以先準備一件較厚的羽絨衣，放入一個裝水的氣球，其他空間可用泡棉填滿 2/3 左右，由外部開始練習找到水球，並輕輕施壓看看，反覆多練習幾次後，再試著在癱瘓動物身上練習找到膀胱。

掌握膀胱的手勢會隨著動物的體型、膀胱的大小以及膀胱的張力不同去做變化，可參考圖 5-3-5 到圖 5-3-7 常見的 3 種手勢。在尋找膀胱的練習時，可以同時練習不同的手勢尋找膀胱，並嘗試穩定掌握膀胱。施加壓力於膀胱時，必須注意要用指腹或整根指頭，**想像施力時是面狀施力，而非點狀施力！**

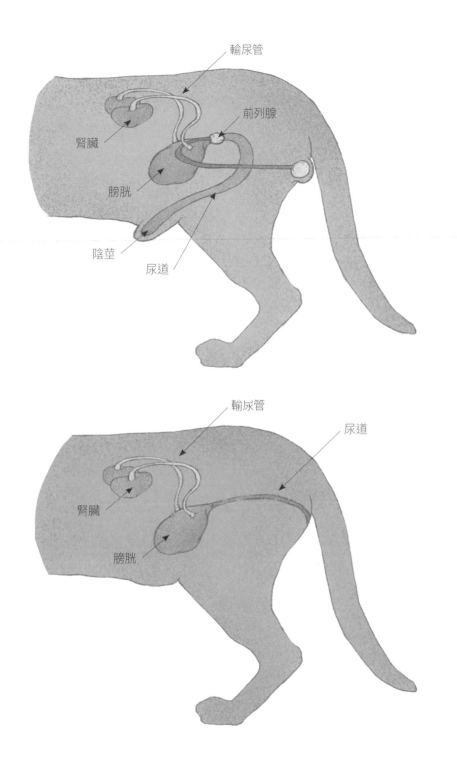

輸尿管

前列腺

腎臟

膀胱

陰莖

尿道

輸尿管

尿道

腎臟

膀胱

圖 5-3-4：公畜（上）跟母畜（下）的膀胱解剖位置。

擠尿時的施力方向也需要特別注意，尤其是張力不佳或沒有張力的膀胱。由於膀胱結構就像氣球一樣，有一個開口通向後方的尿道，所以我們施力盡量由膀胱的前側或中央，穩定而緩慢地向後方加壓，類似擠牙膏的方式，比較容易將尿液排出甚至將無張力的膀胱排空。

圖 5-3-5：單手式
適合中小型犬或有張力的膀胱。

圖 5-3-6：雙手合十式
適合中大型犬或有張力的膀胱。

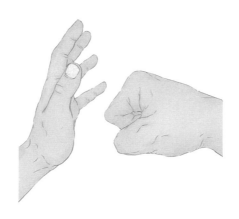

圖 5-3-7：雙手作揖式
適合中大型犬或大而無張力的膀胱。

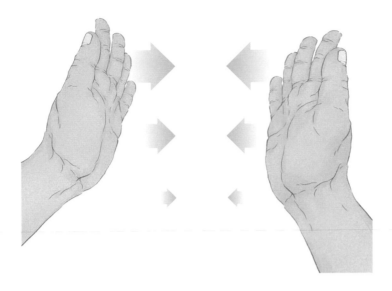

圖 5-3-8：膀胱施力示意圖。

最後還需要留意每次擠尿時的尿量、顏色、清澈程度以及氣味。長期無法自行排尿的癱瘓動物，容易有的併發症有皮膚的尿灼傷問題、尿路發炎或感染的問題等，下泌尿道感染尤其不容忽視，嚴重可能繼發全身性感染，甚至敗血而危及生命，因此建議定期追蹤尿液學檢查以及尿液細菌培養，相對穩定的動物則可以每 1 到 3 個月追蹤尿液學檢查，6 至 12 個月穿刺進行尿液細菌培養。

照護癱瘓動物是一項長期生理與心理的耐力挑戰，我們可能會面對許多超乎預期的問題，所以在決定照護一隻癱瘓動物的同時，必須客觀衡量自身的經濟、體力與環境，是否有充足的資源，能夠提供**動物**和**自身**良好的生活品質，這是非常非常重要的！有些決定在當下或許看似殘忍，但綜合評估過後，或許才是最人道而合適的選擇，在專業的協助之下，相信更能夠幫助飼主更堅強地做出最好的抉擇。

飲食與保健品須知

關節保健品、補充品該吃與不該吃？

在診間，我們常常會被飼主詢問，該如何選擇保健品，然而，選擇狗狗貓咪保健品是一個需要謹慎考慮的過程，建議盡量選擇經過證明有效且符合寵物需求的產品，並在使用前諮詢專業的獸醫建議。

———————

飲食的部分，這邊主要提出在復健治療過程中需要注意的事項。

▍ 復健治療中的飲食注意事項

首先，**沒有計算熱量的飲食，是無法有效控制體重的！**當然每一個個體都有自己偏好的飲食習慣，但無論是一般飼料、處方飼料或者是鮮食，都需要進行熱量計算。飼料部分的計算相對簡單，只要知道單位重量的熱量，就能計算體重控制的每日飲食熱量跟飼料克數。鮮食一樣可以做熱量計算，但相對較複雜些，我們必須知道所有鮮食的內容，再依照一定比例去調配跟計算熱量，以控制每日攝取的卡路里數。

 如何計算毛孩一日所需的熱量？

$$[\,70 \times \text{目標體重(kg)}^{0.75}\,] \times \text{需求因子} = \text{每日熱量(kcal)}$$

若毛孩體重介於 2 - 45kg 之間，可用簡易公式：

狗貓：[目標體重（kg）× 30] + 70 = 每日熱量（kcal）

例如狗的目標體重為 10 kg，每天基礎進食熱量應為

（10 × 30）+ 70 = 370 kcal，

再利用計算出來的數值與現在的餵食量做比較。

但要知道的是，以上僅是初估的基礎熱量需求，還是需要配合狗貓本身的活動量、室內貓、年紀、以及是否有其他潛在疾病進行需求調整等，與獸醫師一同討論，才能得到最理想的熱量需求。

補鈣反而害牠

再者要注意，**絕對不要補充不必要的鈣**。尤其針對中大型與巨型幼犬，過度的食物攝取、體重增長過快，以及補充不必要的鈣，都是造成狗髖關節發育不良的危險因素。除非狗狗有骨折的病史，通常獸醫師可能會依照情況，建議暫時補充鈣質大約 3 至 6 個月的時間，否則一般正常飲食的情況下，不太會有維生素 D 缺乏或缺鈣的情況發生，因此額外的補充多數都是不必要的！

下表 5-1-1 是美國飼料品管協會 AAFCO（The Association of American Feed Control Officials）對於飲食中乾物質基（Dry matter basis, DMB）的鈣磷建議量：

表 5-4-1：飲食中乾物質基的鈣磷建議量。

	幼犬	成犬
鈣 (%)	1.2 - 1.8 (*)	0.5 - 2.5
磷 (%)	1.0 - 1.6	0.4 - 1.6
鈣 ： 磷		1:1 - 2:1

* 特別是大型幼犬（<1 歲齡），飲食中鈣的不能超過 1.8%（DMB），過量的鈣會造成肌肉骨骼生長不平衡，容易導致髖關節發育不良。

▌ 保健品補充的注意事項

另外，想要強調的是**關節保健品**。人的保健食品是受法律規範、不可誇大宣稱療效的，而動物的保健品相較之下，沒有完整的規範，所以多數的廠商廣告並沒有完全規避掉宣稱療效的部分，因此容易讓大眾誤以為吃保健品是可以治療關節炎的。

但其實，**關節保健品是沒有實質治療效果的**。在瀏覽許多狗狗的臉書社團時，常常看到有網友詢問：「狗狗腳痛不舒服，該怎麼辦？」等類似的問題，而討論串中，一定會看到推薦吃關節保健品，腳就會沒事的回應。其實這個是獸醫師的責任，可能是我們沒有傳達到完整的資訊，讓飼主了解到，保健品不是在疾病發生時的治療方式，一般都是穩定期的輔助保養，而在給予保健品之前，更重要的是要先能夠**確切診斷**，診斷後再依毛孩的情況，提供適當的治療或輔助品。

▌ 認識市面上的關節保健品成分

關節保健品百百種，到底毛孩適合哪一種？在挑選上需要注意哪些事情呢？毛孩是否真的需要使用保健品？使用後是否真的有幫助？還是只是安慰劑效應？

首先，我們回憶一下前面所說的關節構造（P.111 圖 2-10-2：關節構造示意圖），骨與骨連接處為關節，關節由關節囊、關節面以及關節腔所組成。關節面位於骨兩端，表面覆有關節軟骨，能吸震

[獸醫師的小叮嚀]

想個比喻：關節軟骨就像是厚實的鞋底，如果只有輕微的磨損，還能夠進行局部修補，但如果完全磨到平，那就只能進行鞋底的完全替換。關節保健品便是局部修補時的物料。

並緩衝運動時的摩擦。關節腔為關節囊與關節面之間的腔室，內有少量關節囊液，減少運動時的摩擦。

簡單來說，當負責減少摩擦的構造（關節軟骨、關節囊液）減少或消失，進而使得骨與骨直接接觸，長期下來就會導致退化性關節炎。

軟骨組織為少量的軟骨細胞與大量的細胞外基質所組成，細胞外基質的主要成分為膠原蛋白（Collagen）與蛋白聚糖（Proteoglycan）。膠原蛋白與蛋白聚糖構成特殊網狀結構，而蛋白聚糖表面帶有負電，能吸附大量水分子，進而提供了良好的抗壓性和彈性。

其中玻尿酸（Hyaluronic acid）、硫酸葡萄糖胺（Glucosamine sulfate）和硫酸軟骨素（Chondrotin sulfate），是由軟骨細胞和滑膜細胞合成的糖胺聚醣（Glycosaminoglycans, GAG），藉由抑制某個特殊蛋白，而產生抗發炎和抗分解的作用。

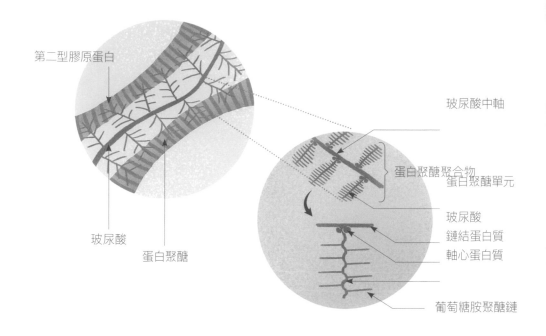

第二型膠原蛋白

玻尿酸中軸

蛋白聚醣聚合物

蛋白聚醣單元

玻尿酸

鏈結蛋白質

軸心蛋白質

玻尿酸

蛋白聚醣

葡萄糖胺聚醣鏈

圖 5-4-1：軟骨基質成分與分子結構。

當了解軟骨基質內的結構後，我們再來看關節保健品的成分。目前市面上的關節保健品主要可分為以下幾種成分：

1. 葡萄糖胺 Glucosamine 與軟骨素 Chondrotin

葡萄糖胺的主要來源為貝類幾丁質，會刺激合成糖胺聚醣（GAG）和蛋白聚糖（Proteoglycans），能幫助軟骨修復，減緩炎症反應。軟骨素則能增加蛋白聚糖的形成，減少關節疼痛與腫脹。值得注意的是，以上皆為**人體外的細胞實驗結果**。而在許多細胞研究中，多將葡萄糖胺和軟骨素合併給予，顯示能增加關節活動性與減少關節相關的發炎反應。但在藥物動力學研究結果表示，葡萄糖胺和硫酸軟骨素在腸道吸收的過程中會相互競爭，所以並不建議同時攝取。

2. 多不飽和脂肪酸 Polyunsaturated fatty acid

常見於關節保健品的必需脂肪酸有兩大家族，分別為 Omega-3 與 Omega-6。

Omega-3 脂肪酸

包含有 EPA、DHA 和 ALA。EPA 和 DHA 在魚油內含量高，具有抗發炎效果。ALA 則來自於種子（例：亞麻仁油），在體內透過酵素轉換成 EPA 與 DHA。

Omega-6 脂肪酸

包含有 LA（Linoleic acid 亞麻仁油酸）、GLA（Gamma-Linoleic acid, Gamma 亞麻仁油酸）及花生四烯酸（Arachidonic acid, ARA）。

當有傷口或感染時，身體需要短暫的發炎反應來對抗疾病，但慢性發炎卻會造成慢性病。人的研究當中，當給予「合適比例或分量」的脂肪酸時，能夠對抗發炎反應，但是過度攝取 Omega-6 脂肪酸時也可能會造成慢性發炎。而在狗的研究中，由於吸收轉換的效率不明，及目前的實驗多使用細胞實驗，所以還沒有適當數據顯示，飲食中需要給予多少量才能達到良好的控制發炎效果。

3. 膠原蛋白 Collagen

市面上最常見為未變性的第 II 型膠原蛋白（Undenatured type II collagen, UC-II），從雞的胸骨軟骨萃取，提供軟骨穩定及再生的成分－甘胺酸（Glycine）與脯胺酸（Proline）。

UC-II 的研究結果顯示，會影響免疫反應，減少骨關節炎的疼痛與跛行程度。但要知道的是，不論是哪一種膠原蛋白，都會在胃腸中被分解爲胺基酸，而這些胺基酸是否能到達目標器官，目前仍未被證實。

4. 甲基硫醯基甲烷 Methylsulfonylmethane, MSM

爲天然的有機硫化合物，在 **體外的細胞研究** 顯示，MSM 能夠緩解疼痛、抑制發炎反應，改善傷口癒合及一些炎症性疾病。

5. 綠唇貽貝 Green lipped mussel

也就是紐西蘭殼菜蛤，含有蛋白質、碳水化合物、糖胺聚糖、脂肪、礦物質、水、維生素及脂肪酸，是複雜的化合物。

市面上的產品爲綠唇貽貝萃取所得的脂肪酸化合物 PCSO-524，在狗的退化性關節炎臨床研究中，單用及與藥物合併使用時，與葡萄糖胺／軟骨素組別相比較，有較顯著的改善。

6. 薑黃素 Curcumin

薑黃根（Tumeric）是從 3 種主要的薑黃植物所製成的乾燥根莖，薑黃根的粉末中含有薑黃素，是一種天然多酚化學物。

目前薑黃根／素的確切作用機制還不清楚，但已知有調節失調的免疫發炎，並在骨關節炎早期能夠減少發炎及軟骨破壞，而減緩骨關節炎的進展。雖然在某些骨關節炎得到了不錯的臨床效果，但研究設計不夠周全，仍缺乏強而有力的證據支持。

在使用薑黃素時，要注意不能與以下藥物併用，如 Acetaminophen、Digoxin、Morphine，可能會增加藥物濃度而使副作用更明顯。

▌ 到底關節保健品有沒有效？該不該吃？

從實證醫學角度來看，多數保健品的實驗結果似乎都有減少炎症反應、減緩疼痛、改善關節健康的效果，但當我們回顧實驗設計的過程時，發現許多問題與限制，而這些都對實驗結果產生不等程度的影響，例如：

- 實驗設計是否有良好的實驗組與對照組？
- 服用後效果是否經客觀評估？還是只有獸醫師與飼主的主觀認定？
- 主觀評估時能否完全避免安慰劑效應？
- 保健品給予的時間是否夠久？（人的研究中至少要多於 12 週）
- 骨關節炎病患樣本的選擇？（單一關節或是多關節？）
- 保健品或飼料含多種成分，但研究結果只歸因單一成分功效？
- 許多研究的贊助者為營養品相關廠商。

以上僅列舉部分問題，讓家長們自己思考。前述這些產品多數是安全且沒有使用禁忌的，而至於該怎麼選？要不要給毛孩服用？就留給家長們自行選擇了。建議若想選購保健品，以大廠牌、寵物專用、品管穩定、嗜口性良好、方便餵食的即可。

6

小動物的
輔具介紹

對於行動不便的狗狗跟貓咪，適當的輔具能提供一定的支持，幫助維持活動的能力，同時提高生活品質。由於狗狗貓咪體型差異大，輔具多數需要視個體和實際狀況設計，才能比較符合實務上的需求。必須再三強調的是，輔具目的在於提供安全、舒適的部分支持，使狗狗和貓咪能夠更輕鬆地移動和活動。另外，輔具對飼主而言，也具有相當的意義，因爲它們能夠輔助改善狗狗貓咪的生活品質，增加與人與動物的互動，並減少寵物的痛苦和不適。但怎麼樣才是合適的輔具呢？接下來我們將探討一些常見的犬貓輔具，以幫助讀者更好地去挑選合適的輔具。

回想起學生時期在動物園見習的時候,聽動物園的獸醫師學長姐說,如果野生動物骨折或因爲其他因素無法自主行走,就有可能面臨安樂死。第一次知道這樣訊息的時候其實相當不解,無法行動導致安樂死似乎非常激進,不過事實上,這才是符合動物福利的一個決定。

試想一隻大象因爲骨折無法站立,後續會面臨什麼情況?正如我們在前一章節〈Ch5-3 癱瘓動物的照護要點〉所提過的,需要協助變換姿勢避免壓瘡生成,但在體重如此重的動物而言,幾乎是不可能的,而在壓瘡傷口形成之後,動物卽面臨的是疼痛、感染、敗血、死亡的過程,因此,能夠獨立行動對於動物而言,是非常重要的!

圖 6-1-1:適用於軟骨發育不全品種的脊椎保護衣。

事實上，在國外即使是伴侶動物，當失去自主行動能力時，常常也會面臨到喪失生活品質，而需要面對安樂死的決定。為了幫助自己的毛家人維持獨立自主的行動能力，我們會需要一些輔助的工具。在人常見用於輔助行動的工具，包括了**手杖、拐杖、支撐架、矯型支架（Orthosis）和義肢（Prosthesis）、輪椅**以及**電動輪椅**等，在小動物醫療進步的現在，根據不同的目的，也發展出一些適合伴侶動物的輔具，像是防止腳背磨傷的**鞋子或襪子、多種幫助止滑的方式、輔助活動的各式提帶、斜坡、手推車和階梯、幫助穩定關節的支架或矯型器**以及**輔助支撐的義肢**等，除了能夠幫助飼主照護上更加便利之外，也能夠透過輔具讓伴侶動物活動得更輕鬆，維持良好的生活品質。

▌ 使用輔具前要知道的事

其實，需要輔具的狗狗或貓咪，都可能有不等程度的骨骼、關節、肌肉或神經性的問題，因此，在選購輔具時，必須先想到的問題是，造成狗狗或貓咪這個狀態的原因是什麼？而使用相對應輔具期望達到的目標是什麼？

另外，每個狗狗或貓咪對於輔具的接受程度都是不一樣的，所以有的時候，即使我們考量再多、評估再精確，都有可能遇到狗狗或貓咪無法接受輔具的情況。不過，通常透過一定時間的誘導和練習，可以增加狗狗或貓咪對於輔具的接受程度，所以毛爸媽們要有點耐心，別一次不成功就完全放棄喔！

很多時候，在人的醫學中，輔具是由骨科醫師、神經科醫師、復健科醫師、物理治療師以及職能治療師合作評估合適的使用型態跟方式，也有專門的輔具評估人員（分爲甲、乙、丙、丁類）幫忙評估以及輔導輔具的使用。但是在動物醫學方面，這仍然是一個新興的領域，而在復健相關認證的課程，如 CCRP、CCRT 等訓練，都有相關的專業的課程內容，幫助獸醫師們能夠在臨床上，提供小動物更合適的輔助使用資訊，相信未來也會有相關輔具的諮詢獸醫院或獸醫門診，幫助提供有相關問題的小動物，更加專業有效率的協助。

▌ 輔具使用的目的和時機

- 🐾 減少四肢打滑
- 🐾 防止足底或足背磨傷
- 🐾 增加關節穩定度
- 🐾 幫助支撐
- 🐾 協助完成正常步態
- 🐾 減少四肢壓力面的負擔（如手肘）

NOTE

網路上的資訊以及商品琳瑯滿目，讓人不知道該如何挑選適合自己狗狗或貓咪的照護輔助器具。透過專業知識的評估、臨床經驗以及實際使用的回饋資訊，希望在這邊跟大家做一些有幫助的分析，提供一些選購上的參考以及方向，避免再花冤枉錢。

———————

脊椎保護衣主要的功能在於，幫助提供額外的脊椎支撐力，同時限制狗狗脊椎伸展、彎曲以及側彎的角度，盡可能避免突發性的椎間盤壓力，造成椎間盤突出或椎間盤破裂等問題。WiggleLess Back Brace® 和 L'il Back Bracer™ 是美國目前市佔率最高的兩種脊椎保護衣，都是使用醫用

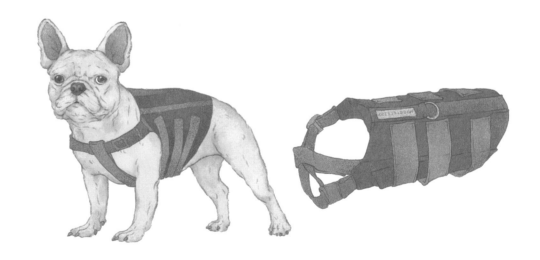

圖 6-2-1：WiggleLess Back Brace® 脊椎保護衣。

輔具的材質製造和設計，除了貼合身形之外，柔軟、透氣、輕薄，
同時在穿著時不易滑動，可在胸腰椎的高風險區提供保護，穿脫方
便。

▊ 脊椎保護衣的使用時機與目的

會需要這類輔具的狗狗，主要是前面章節所提及的軟骨發育不全的
品種，特別容易發生第一型椎間盤疾病，像是**臘腸犬、法國鬥牛犬、
柯基犬**、巴哥犬、米格魯、巴吉度犬、北京狗和西施犬等。另外，
其他有脊椎不穩定或脊椎疼痛問題的狗狗，也可以藉由這樣的輔
具，降低二次性傷害反覆發生的機率。

使用的時機和目的可以主要分成 2 個：**第一個主要的目的是預防，**

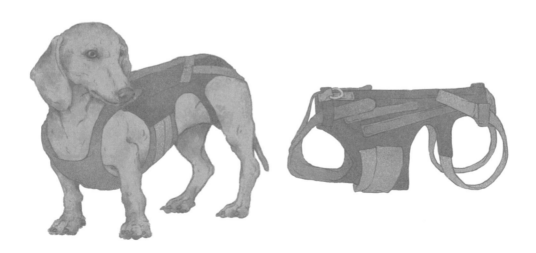

圖 6-2-2：L'il Back Bracer ™ 脊椎保護衣。

在椎間盤疾病的高風險族群，平時出外遊玩或散步時，可以穿戴這類型的輔具，降低二次性傷害的發生率。**第二個目的**是在疾病發生時或手術治療後，**暫時提供脊椎一定的保護及穩定度**，降低二次性傷害發生的機會。

可能會有人有疑問：這樣穿著「鐵衣」，是否會造成脊椎運動受到太大的限制，最後導致背部核心肌群的萎縮，反而讓脊椎的穩定度下降，更容易引起二次性的問題呢？實際上，**這樣的產品並不是支架，所以並不會影響軸上及軸下肌群的活動**。核心肌群的訓練，是不需要脊椎大幅度活動的，因此不會有這樣的疑慮。另外，脊椎保護衣的穿著時間，並不是 24 小時的，僅建議在活動的時候穿戴，睡覺休息的時間建議脫掉，避免扣環、束帶等位置造成**皮膚擦傷**或**勒傷**。

[獸醫師的小叮嚀]

在選購保護衣的時候，可以門診諮詢自己的家醫科獸醫師或復健獸醫師，是否適合穿戴這樣的輔具。

NOTE

· ·

狗狗貓咪的家中防滑怎麼做？

臺灣高齡犬貓的數量漸增，相對應的社團也因應而生，不論在臨床上或社團內，常常會遇到的一個問題就是：家裡的環境太滑，究竟應該要怎麼改善呢？

_____

家中的環境太滑，大致上可以分成 2 個方面去改善：

▌ 環境的改善

臺灣的居住環境多數是以公寓為主，常見的地板材質有磁磚、超耐磨地磚、木地板、大理石等。不論哪一種，對於犬貓而言，都是過滑的表面。

圖 6-3-1：

木地板是許多人喜歡的裝潢風格，但對家中的狗狗貓咪來說，是過滑的表面。

這些地板材質對於健康的狗狗或貓咪，或許影響不是那麼劇烈，但若家中有骨關節問題、神經性問題或高齡的犬貓，就必須要再審慎評估了。

這裡介紹 4 種改善家中易滑環境的方法：

巧拼

依照狗狗貓咪的活動範圍以及個性，市面上有許多不同的選擇，例如不同材質的巧拼產品，可以兼具防滑、防水，以及收納方便等。不過對於年輕好奇的狗狗或貓咪，就必須要特別注意，牠們是否會有啃咬巧拼的行為。另外，雖然是防水，但由於是拼接的關係，水是否容易自縫隙滲入至地板，以及清潔的方便性也會是考量之一。但這類產品比較不適合患有先天骨科問題的年輕犬貓使用。

寵物專用地墊或幼兒遊戲地墊

這類的產品也兼具防滑、防水和收納方便等特性，單位面積較大，一般和地面服貼的程度較好，相對比較不容易位移，因此，作者個人是比較偏好這樣的產品。

瑜珈墊

瑜珈墊也有上述地墊的優點，但市售瑜珈墊的材質以及厚度也都不同，比較建議的厚度為 1 公分、在正常踩踏下不會容易產生足印的硬度較佳，這樣的強度也比較適合狗狗或貓咪，不會因為容易被指甲抓破而必須頻繁更換。

:paw: 其他

若是家裡的狗狗或貓咪活動範圍遍及全家，止滑墊不易涵蓋，現在也有一些**地面止滑的工程**，能夠增加現有地磚的止滑效果，或許也會是一個改善環境友善程度的選擇。部分的狗狗或貓咪也可能會需要**斜坡**或**樓梯**的輔助，讓日常居家活動更便利。

圖 6-3-2：

在沙發或床邊擺上寵物專用斜坡或樓梯，作為緩衝，避免激烈活動，也讓狗貓行動上更舒適。

▌ 穿戴式的防滑輔具

比起環境的改變，或許有些時候，直接改善狗狗貓咪四肢腳掌的摩擦力，更能得到止滑的效果，同時也比較不需要考慮到居家環境止滑的範圍要多廣泛，似乎是一個更好的方式。但是，實際執行上卻不一定這麼順利，必須考量到幾個要素：包括**穿戴的舒適程度、穿戴的方便性、穿戴時間的長短**和狗狗**穿戴後的適應情況**等。

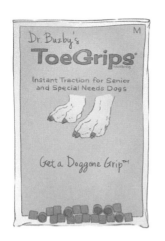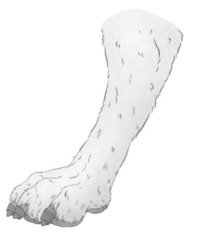

圖 6-3-3：ToeGrips® 使用示意圖。

ToeGrips®

ToeGrips® 是一個專屬狗狗的止滑產品，將合適的產品正確穿戴於狗狗的指甲上之後，藉由類似橡膠材質的指甲環來增加摩擦力，進而增加狗狗指甲的抓地力，來達到止滑的功效。而**美國堪薩斯州立大學獸醫學院**針對這個產品做了一項研究，他們找來 15 隻體型不同大小的正常狗狗，利用客觀數據的結果，來評估穿戴產品後，對於這些正常狗狗的**站姿、四肢受力**以及**走路的步態**是否有產生顯著的影響，結果是穿戴後，對於狗狗的活動沒有顯著影響，意味著穿戴後是舒適且接受度高的。ToeGrips® 這個輔助產品，作者有少量使用的經驗，在狗狗正確穿戴下，對於老犬在磁磚地面的活動有一定的幫助，可以做爲選擇之一。

圖 6-3-4：PawZ® 使用示意圖。

PawZ®

特別提到 PawZ® 這個產品的原因是輕便、偏拋棄式，且在穿戴之後比較不會改變狗狗肢端的重量，對於狗狗來說接受度相對會高些。當然初次使用，必須要讓狗狗有一定的適應時間，也可以適時給予一些正向的鼓勵或連結。橡膠的材質，一樣可以增加狗狗四肢的摩擦力，讓狗狗在平滑地面的活動能夠更加輕鬆，比較適合有輕度神經傳導問題的狗狗使用，當行走在比較粗糙地面的同時，也能夠提供足背一定的保護，避免過度摩擦造成的傷害。缺點一是無法長時間穿戴，雖然機會不高，但長時間穿戴可能會在束口處產生壓迫性的傷害或影響肢端循環等。缺點二是相較其他鞋襪，厚度較薄，較容易因為摩擦造成破損而需要更換。

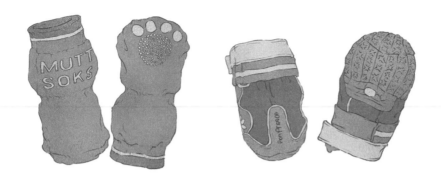

圖 6-3-5：其他狗狗鞋子與襪子。

🐾 其他狗狗鞋子和襪子

市面上有非常非常多這類狗狗的產品，但事實上這類產品的
合適程度並不高，可以從幾個方面去探討。第一個是解剖構
造和體型，狗狗掌面不像人的足底一般扁平，且體型大小差
異度很高，所以要達到穿戴貼合的條件是非常困難的，但
是唯有穿戴貼合才能夠有良好的防滑效果，為什麼這麼說？
有過類似的經驗的主人可能就會知道，以圖 6-3-5 的襪子為
例，襪子在掌面貼心地做了止滑的設計，但事實上，止滑面
很容易在活動期間，翻轉到側面或背面，而失去穿戴的意
義，鞋子亦然，同時，鞋子或多或少會增加肢端的重量，對
於狗狗的站立姿勢和步態都可能會有影響，在這樣的考量之
下，這類的輔助產品通常不會是我們優先的選擇。

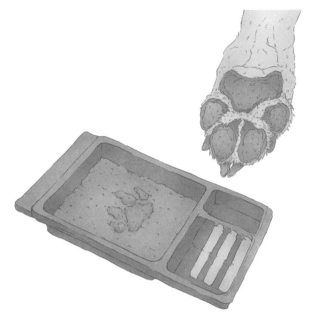

圖 6-3-6：
PawFriction
使用示意圖。

其他增加掌面摩擦力的產品

大家或許也有聽過或看過 PawFriction 以及 Loobani 等商品，
Loobani 是一款狗狗用的腳貼，而 PawFriction 則是一個狗狗掌
面的塗層系統，以無毒安全的材料透過黏膠覆蓋於掌面，以增加
腳掌摩擦力。原理上增加掌面摩擦力，對於止滑會有一定的幫
助，但是由於狗狗掌面仍有散熱及汗腺存在，此類商品能夠提供
多少程度的幫助尚沒有研究可以佐證，在此僅以分享資訊為主，
實際是否合適，仍建議經過獸醫師評估。

圖 6-3-7：
Loobani 使用示意圖。

[獸醫師的小叮嚀]

再次強調，如果還是希望嘗試鞋子類的商品，除了可以和自己的獸醫師討論之外，也建議可以到有店面的商家，現場進行試穿，看是否真的適合自己的狗狗，以及狗狗是否真的能接受穿鞋活動，避免購買後不適合而造成不必要的浪費。

護膝、護腕有用嗎？

在臨床診療的時候，當診斷狗狗或貓咪有膝蓋或手腕的問題，常常會被問到，是否可以像人一樣穿戴護膝或護腕，幫助保護這兩邊的關節？其實，幾乎所有小動物的問題，這些護膝、護腕是完全沒有用的！但網路上，小動物的護膝或護腕卻非常多，這是怎麼回事？接下來我們好好討論一下。

前面章節中，我們提到非常多狗狗或貓咪常見的骨關節、肌肉或神經性的問題，而這樣的問題，可能導致膝關節或腕關節產生不舒服的情況。其實在選擇護膝或護腕的時候，必須要先知道，膝關節或腕關節不舒服，是因為不穩定或支撐力不足。知道問題所在之後，再看看網路上所謂的護膝或護腕，是否能夠提供相對應的幫助，例如：提供足夠的強度，幫助穩定關節或降低關節活動度，進而增加肢體的支撐力等。不過事實上，就我們的臨床經驗跟網路

圖 6-4-1：
市售的護膝與護腕，大部分都對小動物問題沒有幫助。

[獸醫師的小叮嚀]

當狗狗或貓咪走路發生問題時，建議就診讓骨科獸醫師幫忙釐清問題，可以減少花冤枉錢的機會。

資訊的蒐集，幾乎沒有一款動物用的護膝或護腕，能夠真正達到我們需要的幫助。

大家不要忘記了，狗狗和貓咪都是靠四隻腳活動的，所以小動物的腕關節其實必須承受非常多身體的重量！同時，人在靜態站立支撐身體時，膝關節是完全伸直的，這點也和小動物完全不一樣。所以，以人體結構爲出發點設計的護膝或護腕，真的能夠提供我們所需要的幫助嗎？

除了問題的釐清、結構上的不同之外，動物體型大小的差距也是非常非常需要考量的。一隻吉娃娃的膝關節和一隻大丹狗的膝關節，圍度的差距非常大，而這類型商品的貼合度、鬆緊度其實相當重要，因爲這會關係到**穿戴的穩定性**，意思就是說，除了要確認穿不穿得住，還有卽便在穿得住的情況下，會不會有太緊太鬆的問題等。

這邊想要強調的事情是，如果像一般衣服一樣，只大致上分型號，其實要真的達到非常貼合，同時又兼具支撐和穩定功能的可能性非常非常低，所以近幾年才會發展出客製化輔具的使用。

前十字韌帶客製支架

客製化輔具有哪些？以前十字韌帶治療爲例，當狗狗因爲**有嚴重心臟問題導致麻醉風險過高**，或者飼主有**經濟因素**等考量，手術無法成爲治療的選擇時，就有些客製化的膝關節支架，能夠試著提供膝關節部分穩定的作用。

但必須再次強調，**這並非前十字韌帶治療的首選方式**，而且，這類支架能夠提供不同品種、不同體型狗狗的膝關節，多少的穩定性，**仍然需要更進一步的研究來支持**。以下介紹幾種目前在美國，能夠透過獸醫師評估後選購的客製化支架。

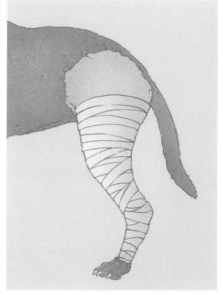

圖 6-5-1：腳模的製作過程。

既然是客製化支架，當然會需要特別的製作流程。一般獸醫師在確診動物為前十字韌帶斷裂的問題後，可以透過 **Hero Braces**、**OrthoPets®**、**Bionic Pets**、**Animal Ortho Care** 等公司的官方網站，取得製作腳模必須的材料，並幫自己的患者依照標準製作腳模，完成模型後再寄回公司進行客製化支架的製作。每個製作團隊對於客製化支架的設計略有差異，一般會請獸醫師幫助選擇。

任何穿戴式的輔具都會有一定的風險是，狗狗不買單！所以會需要經過一定的適應期。一般建議以循序漸進的方式讓狗狗習慣穿戴，像是從每天穿戴 15 至 20 分鐘開始，同時給予正向的鼓勵，並仔細檢視穿戴之後，膝關節周圍皮膚是否有不適當的壓力點，之後可以慢慢增加穿戴時間：每天 1 小時、每天 2 小時、每天 4 小時等。

在穿戴的前期，飼主務必陪伴在身旁，一方面避免狗狗以不適當的方式移除支架，如此可能造成傷害，另一方面也避免狗狗破壞客製化支架本身。

但是**穿戴前十字韌帶客製支架，並非完成前十字韌帶斷裂的治療！**在復健獸醫師完整評估後，仍必須依照每隻狗狗情況，**適當配合疼痛管理、運動治療以及水療，和緩重建肢體功能，以達到維持良好生活品質的目標。**

圖 6-5-2：
Hero Braces 前十字韌帶客製支架。

圖 6-5-3：
OrthoPets® 前十字韌帶客製支架。

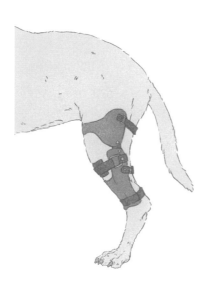

圖 6-5-4：
Bionic Pets 前十字韌帶客製支架。

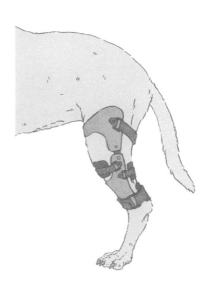

圖 6-5-5：
Animal Ortho Care 前十字韌帶客製
支架。

· ·

[獸醫師的小叮嚀]

目前沒有大數據的研究，來告訴我們這類產品能夠對不穩定的膝關節提供多少幫助，因此，目前仍然建議手術治療才是狗狗前十字韌帶斷裂問題最有效率的治療方式。順帶一提，這類前十字韌帶客製化支架的製作費用，大約落在 800 到 1,000 美金，也就是大約 26,000 至 32,000 台幣。

手術後復健、神經問題或骨關節炎的狗狗，在日常生活上的行動，可能都會需要一定程度的輔助。若是還有行走能力的狗狗，我們比較常使用的輔助工具是**提帶**或者是**介護帶**。市面上琳瑯滿目的商品充斥，在這邊簡述一般臨床上，我們在選擇時的一些考量因素。

提帶依部位可以分成**前肢提帶（胸背帶）**、**腹部提帶（Quick Lifts ™）**以及**後肢提帶**。

▋ 提帶或介護帶的使用時機

☙ 前肢提帶（胸背帶）

當影響狗狗行動的主因為前肢問題時（例如前肢骨折手術後的活動），可使用前肢提帶。比較建議選購腹側胸部包覆率較大，同時背側有拉提設計的產品。

圖 6-6-1：
前肢提帶
（胸背帶）。

腹部提帶 Quick Lifts™

而當影響狗狗行動的主因爲後肢問題時（例如膝關節手術或髖關節手術之後的活動），則建議可以使用腹部提帶或後肢提帶。以作者自己在臨床上的使用經驗來說，當後肢仍有 70 至 80% 的自主活動能力時，使用腹部提帶來輔助狗狗行走即可。除了方便性之外，也能同時讓後肢有一定程度的訓練。建議選擇設計簡單輕巧、腹部接觸面舒適柔軟且易於清洗的產品。

圖 6-6-2：腹部提帶 Quick Lifts™。

後肢提帶

當後肢自主活動能力介於 50 至 70%，或有複雜性的問題（如先天骨科問題或複合神經性問題）時，則可以選擇後肢提帶來輔助動物的日常活動。建議選擇材質柔軟貼合，可以包覆後軀骨盆爲佳，同時必須考慮公犬母犬的差異。當上提時，大腿內側爲主要受力處，因此，必須確認產品的大腿內側邊緣材質，應柔軟且有一定厚度，才能避免使用後的擦傷或壓瘡。

圖 6-6-3：後肢提帶。

四肢輔助提帶 Help 'Em Up®

那狗狗前後肢都有問題的時候，該怎麼辦呢？

Help 'Em Up® 就是
一款設想周到的四
肢輔助提帶，可以
幫助主人，輔助動
物起身以及行走。
像是有輕度大腦、
前庭或頸椎神經問
題的狗狗，仍有自
主行走能力的情況
下，則可以借助這
樣的輔助提帶，幫
助狗狗正常活動。

圖 6-6-4：Help 'Em Up®。

介護帶

狗狗四肢的行動能力不佳、體重不輕且活動的時間不長，還有其
他選擇嗎？

如果狗狗本身的行動能力下降到一個程度，出外常常需要完全倚
靠主人來活動時，則可以選擇老犬介護帶。目前這類型的產品設
計是由下而上穿戴，初步由魔鬼氈固定後，再扣上快扣，穿戴方
便且快速，腹側包性高，可以分散上提時，對狗狗腹側產生的壓
力，利於將狗狗整個提起或揹起。

圖 6-6-5：介護帶。

[獸醫師的小叮嚀]

每隻狗狗的情況都不盡相同，品種、體型大小以及體態
也都會影響這些輔助提帶的適用性，因此除了諮詢獸醫
師之外，也建議盡量於實體店面選購以及試用，比較容
易尋找到適合自己狗狗的輔助商品。

輪椅、義肢及其他輔具

隨著行動能力喪失的程度增加，需要輔助的程度也會增加，前面章節提到的提帶輔助可能就不是那麼足夠，這時候就會建議可以選購合適的**輪椅**，幫助狗狗或貓咪維持一定的活動能力。

單一肢體功能喪失的情況下（例如肢端嚴重粉碎性骨折或感染，最終導致截肢），近期也有些客製化的服務，可以爲這樣的小動物病患客製**穿戴式的義肢**，來幫助牠們維持生活機能。

————————

小動物復健醫學的發展越來越受到重視，因此有許多幫助訓練的輔具也應運而生，讓牠們的復健過程更加便利而有成效，以下簡介幾種常見輔具及適用時機。

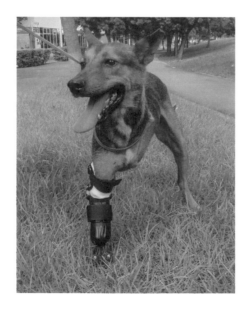

圖 6-7-1：

客製的穿戴式義肢，能夠協助小動物維持生活機能。

▌ 小動物輪椅

輪椅的選擇可以參考幾個要素，狗狗用的輪椅可用功能性做區分，
像是**前肢輪椅**、**後肢輪椅**以及**四肢輪椅**。

🐾 前肢輪椅 Eddie's Wheels

正常情況下，狗狗的重心有 60% 都在前肢， 因此前肢輪椅必須
要具備穩固、適應地形、合身且不能過於沉重等特性。

圖 6-7-2：

前肢輪椅
Eddie's Wheels。

🐾 後肢輪椅和四肢輪椅

後肢輪椅和四肢輪椅的設計建議盡量簡約，穿戴主要的承重位置
應該要避開中段脊椎，腹部承重的位置應盡量柔軟舒適並且清洗
方便。

目前市面上有許多不同品牌的後肢輪椅及四肢輪椅，設計大同小
異，功能性都不會太差，這邊介紹幾款臨床我們有使用經驗，也
比較特別的輪椅給大家。

🦴 新型後肢輪椅 LANDAM CART

日本品牌的 LANDAM CART 相當獨特，一般輪椅的設計會由兩側提供支撐，所以在使用輪椅時，常常會限制狗狗兩側的活動性，而這款輪椅的支撐則來自於背側，使得狗狗在輪椅上的活動更接近無輪椅的狀態，能夠自由左右轉身，顯得更佳靈巧。

不過相對的，這樣的設計對狗狗腹部的支撐力相對較薄弱，因此，若是神經問題影響範圍較大的狗狗，導致核心肌群薄弱，則可能比較不適合使用這樣的輪椅。例如退行性脊髓神經病變比較後期的狗狗，腹部及背部的肌群都已經喪失張力，若使用這樣的輪椅，可能會需要額外的腹部支撐設計，否則會變得窒礙難行。

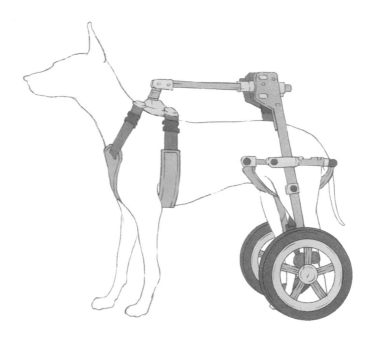

圖 6-7-3：

新型後肢輪椅（LANDAM CART），讓狗狗的兩側活動無限制性。

🦴 可調式後肢輪椅 Walkin' Wheels®

美國品牌 Walkin' Wheels® 是相當傑出的一款可調式輪椅,可以藉由高度、寬度的調整自由度,適應不同體型變化的狗狗,同時也兼具了簡約以及穿戴方便等特性。由於可以拆卸,讓收納更加不佔空間。不過相較於其他輪椅,這樣的可調式輪椅的穩定性稍微較差,所以在體型較大、體重較重的狗狗使用上較不適合。

圖 6-7-4:

可調式後肢輪椅
(Walkin' Wheels®),
可依據需求直接調整。

🦴 四肢輪椅 Walkin' Wheels®

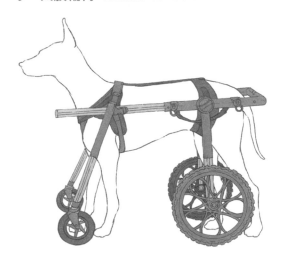

圖 6-7-5:

四肢輪椅
(Walkin' Wheels®)。

🦴 客製化 3D 列印輪椅 Waggin' wagons custom carts

在一些特殊的情況下，商品化的輪椅由於有大小以及貼合度上的極限，所以可能無法達到理想的輔助效果，像是體型巨大的狗狗、體型特別小的狗狗、兔子、天竺鼠或貓咪等。但是隨著 3D 列印的技術日漸成熟，也發展出客製化的 3D 列印輪椅，幫助各種動物能夠有更良好的活動輔助成果。

圖 6-7-6：客製化 3D 列印輪椅（Waggin' wagons custom carts）。

🦴 臺灣後肢輪椅（犬輪會社）

當然，臺灣也有非常不錯的狗狗輪椅品牌，比較熟悉的是犬輪會社，契機是創辦人本身飼養的狗狗有癱瘓的問題，同時創辦人有相關的背景，於是就為自己的狗狗量身打造輪椅，之後也開始為其他有相同需求的狗狗客製輪椅，或許大家並不陌生，整體圓滑流線型的簡單設計就是犬輪會社的標誌。

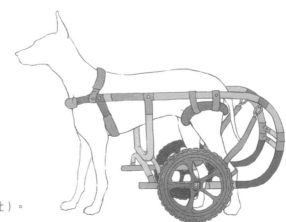

圖 6-7-7：
臺灣後肢輪椅（犬輪會社）。

▌ 穿戴式義肢

輪椅雖然已經能夠幫助動物達到相當程度的日常活動，但對於地形的機動性仍然有些限制。經過評估合適的情況下，現在也有一些不錯的穿戴式義肢可以選擇，但這涉及蠻多專業上的考量，我們可以用木村的小故事跟大家分享一下。

木村是一隻被救援的狗狗，到達第一線醫院時的整體情況非常糟糕，除了雙側前肢都有嚴重傷害之外，內科問題也相當嚴重。在經過一番醫療照料之後才漸漸穩定，但其中一側比較嚴重腐壞的前肢，為了保命已經先截除。不過不幸的是，右前肢在後續也開始出現前 1/3 腐敗的情況，推測可能是被東西長時間束縛所導致的壞死，由於已經失去單側前肢，若連右前肢也無法保留，木村可能會面臨安樂死的命運，因此轉診至當時我們工作的骨科專門醫院進行評估。

在多方討論後，決定幫木村嘗試進行穿戴式義肢的製作，包括：**能否保留肘關節以下足夠多的肢體以及軟組織、初期是否能適應義肢的穿戴**以及**是否能夠逐步完成穿戴義肢後的復健活動**等。

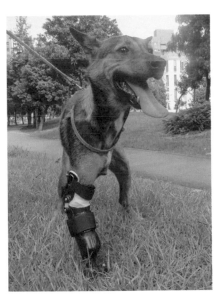

圖 6-7-8：
缺少雙側前肢的狗狗使用穿戴式義肢。

這些因素除了會影響穿戴式義肢使用的靈活性之外，也會影響穿戴式義肢實際對於木村的幫助程度。後續木村又經歷了外科手術以及3至4個月的復建治療，最後終於能夠以適應新腿的姿態再度活動。

3D 列印完整肢體義肢輔助衣　Bionic pets

所以我們知道，肢體功能性對於是否適合製作義肢來說，是非常重要的！當單一肢體受損太過嚴重而需要整體截肢的情況，目前也有其他方式可以嘗試輔助狗狗的日常活動，像是前面提及的3D 列印技術，可以製作**完整肢體義肢輔助衣**，穿戴之後雖然沒有活動性，但仍然可以在活動期間幫助支撐，略為減少另一側肢體的負擔。

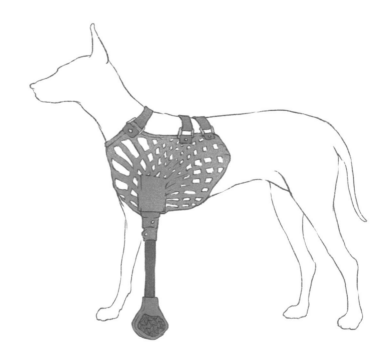

圖 6-7-9：3D 列印完整肢體義肢輔助衣（Bionic pets）。

為了避免大家太過理想化，這邊想要強調幾個事實：

✎ 非 24 小時穿戴

無論穿戴式義肢有多貼合跟合適，這樣的輔具都不是 24 小時持續穿戴的。也就是說，通常是出門活動時，才會讓狗狗們適時地使用。

✎ 產生壓迫點的可能

無論穿戴式義肢有多舒適，在截肢肢體承重的位置（通常是截肢肢體的末端），都有不等機會產生壓迫點。也就是說可能產生壓瘡、擦傷或血清腫等狀況，此時需要就醫護理且暫時不適合穿戴義肢。

✎ 義肢材料的耗損

無論義肢設計得多麼強壯，都有部分是可能耗損而需要更換或修理的，像是軟質的內襯，長時間使用會讓內襯失去原本的彈性，使密合度下降，另外就是與地面接觸的義肢遠端，長期和不同材質摩擦，也會漸漸失去其應有的抓地力，使打滑的頻率上升等。

所以製作穿戴式義肢不是一個一勞永逸的選擇，反而必須時刻注意穿戴期間的變化，適時做出調整。說到底，**耐心及細心的照料才是最重要的。**

▍其他輔具

在經過診斷以及評估，有些病患的問題沒有合適的手術方式，或病患無法進行手術治療的情況下，目前也有各式團隊開發出相應的輔具，能夠幫助小動物病患，讓牠們能夠盡量維持良好的生活機能。這邊和大家分享幾款比較有實際幫助的其他輔具，讓大家有些基本的認識。

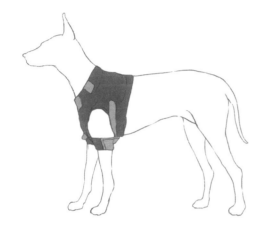

圖 6-7-10：
肩關節穩定衣（Hobble Vest）。

✵ 肩關節穩定衣 Hobble vest

目前肩關節不穩定確切的成因並不清楚，嚴重肩關節不穩定造成跛行的病患，通常會選擇手術治療，但輕度肩關節不穩定的病患，則可以選擇保守控制以及復健治療。這樣的穩定衣，是透過限制肩關節活動角度，輔助減少肩關節產生不穩定的情況，在診斷為輕度肩關節不穩定的病患，可以考慮使用這樣的輔助產品。

圖 6-7-11：後肢抗外展綁帶
（Hobble bandage）。

後肢抗外展綁帶 Hobble bandage

這樣的綁帶方式,在臨床上比較常使用在髖關節後腹側脫臼的病患,由於外展會導致髖關節後腹側脫臼復發的機率上升,因此,這類患者在保守治療關節復位之後,會至少經過 14 天以上的綁帶治療,避免復發。另外,這樣的綁帶在經過獸醫師評估後,可能也適用於一些因神經性問題,導致後肢內側肌群張力喪失而不利行走的病患。

後腳抗拖行復健襪 No-Knuckling training sock

後腳抗拖行復健襪是由**美國專業的小動物復健醫療助理 Renee Mills, CCRP** 設計,適用於「短時間」、「暫時性」的訓練,目的在於矯正「後腳因本體感覺暫時性缺失」所引起的拖行及步態異常,穿戴後能夠讓後腳腳掌於行進間,正常踩踏於地面。具有 4 項特點:

🦴 復健治療期間,提供後肢良好的支持

🦴 協助強化本體感覺

🦴 脊椎手術後的復原期間,適合用於復健治療的輔助

🦴 質量輕薄,穿戴舒適方便

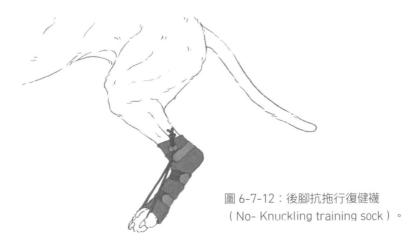

圖 6-7-12:後腳抗拖行復健襪
(No- Knuckling training sock)。

⁙ 後腳抗拖行鞋 Toe-up boots

後腳抗拖行鞋（Toe-up boots）由客製化小動物輔具的美國獸醫師與其團隊所設計，是一款可調式的穿戴輔具，主要用於矯正或改善「後腳因本體感覺缺失」而造成的拖行情況，除了短時間、暫時性的復健治療及訓練外，後腳抗拖行鞋的設計較適合長時間穿戴。在一些因永久性傷害而造成後腳拖行的動物，例如退化性脊髓病變（DM）、脊椎骨折或錯位、椎間盤疾病、纖維軟骨性栓塞、坐骨神經傷害以及腫瘤等。依照診斷，可諮詢小動物復健醫師，是否可以嘗試穿戴抗拖行鞋，藉以改善生活品質。

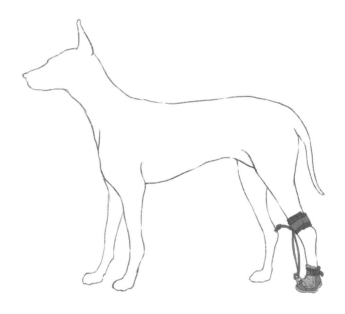

圖 6-7-13：後腳抗拖行鞋（Toe-up boots）。

Biko 漸進式阻力帶 Biko progressive resistance（PR）bands

Biko 漸進式阻力帶，或稱 Biko PR 阻力帶，和抗拖行鞋襪的輔助

適應症是相似的，主要用於矯正或改善後腳因本體感覺缺失而造

成的拖行情況，尤其當後肢縮肌群強度不足或控制能力不佳時。

另外，在復健強化時期，也可以利用強度不同的 Biko PR 阻力帶，

針對後大腿肌群進行強化訓練。

圖 6-7-14：

Biko 漸進式阻力帶　Biko progressive resistance （PR） bands。

[獸醫師的小叮嚀]

各類輔具都有合適使用的適應症和情況，在綜合評估過後
使用，比較能夠達到預期的成果。錯誤使用的情況下，有
時候不一定會立刻看到不良反應，但是長期下來不僅沒有
幫助，也可能使得肢體變形或慢性疾病更加嚴重。因此，
在選擇這樣的輔具商品時，建議都經過專業獸醫師的骨科
學評估、神經學評估以及復健治療評估比較恰當。

犬貓的認知障礙

老年動物也有失智症？

人類步入高齡化社會，陪伴我們的毛孩們也不例外，近年來，家長們也越來越注重老年動物的失智問題。如何在毛孩步入中高齡以前，識別早期失智症狀、預防疾病進展，並做好心理、環境的準備，陪伴毛孩度過老年時光？這是一個很重要的課題。

▍ 什麼是老年癡呆？

犬貓的老年癡呆相似於人類的阿茲海默症，是指不正常的老化現象，慢性漸進性的改變意識或是失智症狀，在醫學上稱為認知障礙（Cognitive dysfunction）。根據惡化的程度，分為輕度的認知受損（Impairment）及較嚴重的認知障礙（Dysfunction）。

▍ 為什麼會有認知障礙呢？

認知障礙主要是因為腦部血管疾病及特殊蛋白質的累積，這兩個問題密不可分，互相影響造成惡性循環。以及隨著年紀增長、腦部結構出現異常和其他相關的細胞及生化反應異常，導致了漸進性的認知衰退。認知障礙是很複雜且多病因的，每個問題互相影響，造成惡性循環。

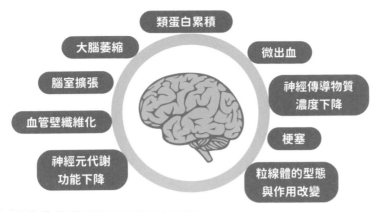

圖 7-1-1：造成腦部病理變化的因素。

類蛋白累積

大腦萎縮

微出血

腦室擴張

神經傳導物質
濃度下降

血管壁纖維化

梗塞

神經元代謝
功能下降

粒線體的型態
與作用改變

█ 認知障礙的常見迷思

關於認知障礙，有些迷思容易導致錯誤或延誤治療，所以在更認識
這個疾病以前，首先要導正幾個常見的錯誤觀念：

Q1: **輕微的認知受損是反應年紀增長的表現？**

A: 從前段文章可以知道，認知障礙是因為腦部血管病變、特殊蛋白
質累積，加上年紀增長而造成的腦部結構異常與其他細胞及生化
反應的異常，使狗貓的認知能力衰退遠超過正常犬貓老化程度。

認知障礙是很複雜且多病因的，不僅只是變老了而已！

Q2: **認知障礙是少見的疾病？**

A: 平均而言，8 歲齡以上的狗狗，有 13 到 33% 的比例，會出現
認知衰退的症狀，15 至 16 歲齡的狗狗則是高達 68%。

而貓咪的認知障礙，影響超過 55% 的 11 至 15 歲齡貓咪，在
16 到 20 歲的貓咪，更超過 80% 的比例可能患有認知障礙，所
以整體發生率比我們想像的還高上許多。

Q3: 沒有任何治療方式能夠控制認知障礙這個疾病？

A: 雖然與人的阿茲海默症相似，但犬貓的疾病嚴重程度、惡化速度及對生活影響的程度是遠低於人的。在疾病初期，狗狗對藥物的反應不錯，而且副作用低。另外，研究中指出，大約在 8、9 歲齡開始，狗狗腦中才會出現類蛋白累積的情形，所以會建議在狗狗步入中年開始，就早期預防介入。

早期預防，初期配合藥物治療能夠有效減緩認知障礙的疾病進展程度。

▍ 如何知道毛孩罹患認知障礙？

目前臨床上最佳的診斷工具為核磁共振，確認大腦構造的變化，是否符合認知障礙的診斷標準，但常因為家長的經濟因素、毛孩經評估無法承受長時間麻醉及診斷後對治療計劃影響不大，而沒有進行核磁共振檢查。所以在多數病例，獸醫師會根據家長們描述的主要問題、病史、臨床症狀，並且排除其他可能的老年疾病後，再進行診斷。

圖 7-1-2：認知障礙診斷。

▌ 進行檢查排除其他可能的疾病

檢查包括了：

- 🐾 **完整的血液學檢查**
- 🐾 **血清中 Abeta42 的濃度**
- 🐾 **是否有相似症狀的老年疾病**
- 🐾 **是否有在服用的藥物(藥物副作用)**
- 🐾 **區別診斷最主要的為「前腦腫瘤」，會有明顯的行為改變**

診斷的過程中，獸醫師和家長們都扮演很重要的角色，除了家長提供的症狀及正確的病史描述以外，獸醫師會根據病患的行為設計問題來詢問飼主，因為家長有時無法將行為聯想到整體臨床情況，或者認為是正常衰老過程。

圖 7-1-3

診斷過程中，獸醫師會根據病患的行為，
設計問題詢問飼主。

▍常見的認知障礙症狀有哪些？

認知障礙的典型情況，是毛孩步入中老年後（8 歲以上），在數個月的期間內，慢慢出現認知下降情形，**主要有 4 大特徵症狀**：

- 🐾 **明顯困惑**
- 🐾 **焦慮**
- 🐾 **睡眠週期紊亂（白天睡覺，晚上活躍）**
- 🐾 **與家人或家中其他寵物互動方式減少**

其他常見的症狀還有：方向感變差、便溺習慣改變、不記得指令、活動遲緩、排尿排便失禁（姿勢正常但排出過程異常）、無法定位掉在地上的食物、無法辨認熟人、明顯的聽力喪失、半夜嚎叫、無法停止的繞圈、對視覺或聽覺刺激消失或異常、抗拒被抱著。

圖 7-1-4：認知障礙症狀。

▌ 簡易版犬認知障礙評分表

	1	2	3	4	5	得分
	從未	每月一次	每週一次	每天一次	＞每天一次	
上下行走、繞圈，或無方向性的漫步？						
呆呆地盯著牆壁或地板？						
被卡在物體後面無法移動？						
無法認出熟悉的人或寵物？						
走向牆壁或門？						
不願被主人撫摸或走開？						
	從未	1–30%時間	31–60%時間	61–99%時間	總是	
在尋找掉落在地板上的食物有困難嗎？						
	很少	稍少	相同	稍多	很多	
與 6 個月前相比，您的狗現在是否會上下行走、轉圈或無方向性漫步？						
與 6 個月前相比，是否呆呆地盯著牆壁或地板嗎？						
與 6 個月前相比，是否在以前保持清潔的區域小便或排便？ 如果您的狗從未被弄髒過，請勾選〔相同〕						
與 6 個月前相比，對尋找掉落在地板上的食物有困難嗎？ 分數 X 2						
與 6 個月前相比，是否會無法認出熟悉的人或寵物嗎？ 分數 X 3						
	很多	稍多	相同	稍少	很少	
與 6 個月前相比，狗狗活動的時間是否有變化？						

表 7-1-1：雪梨大學的簡易版犬認知障礙評分表。

如果不確定毛孩的變化是否有異狀,可參考上一頁表 7-1-1 雪梨大學的簡易版犬認知障礙評分表[1],根據表格計算總分,可分為以下 3 個結果:

- 0-39: 　正常
- 40-49: 　高風險
- > 50: 　認知障礙

建議每 3 到 6 個月進行一次居家評估,並根據評分結果與獸醫師討論,確認是否有惡化跡象,以及是否需要進行其他檢查。

▌ 認知障礙能夠治癒嗎?

認知障礙目前沒有能治癒的方法,但有一些已證實有幫助的治療,在剛發生或進展中的認知減退即開始進行治療,有很好的正向影響。透過飲食、藥物及營養補充品、環境認知豐富化、中草藥和針灸治療,能改善毛孩認知能力及生活品質。

---

1. 參考資料:Salvin HE, McGreevyy PD, Sachdev PS, Valenzuela MJ. The canine cognitive dysfunction rating scale (CCDR): a data-driven and ecologically relevant assessment tool.Vet J. 2011 Jun;188(3):331-6。

▌ 預防認知障礙，有哪些需要知道的呢？

首先，在環境及飲食中要避免危險因子的存在。危險因子可能會導致疾病發生，目前已證實的危險因子有空氣污染，和人的阿茲海默症一樣，紅肉和禽類、加工食品、高脂肪的乳製品，都可能增加罹病風險。還有急性及慢性的壓力，也會導致健康及行為的惡化，尤其老年動物對壓力較敏感，耐受性較低，對於環境變化的適應程度也比較差。另外，也要避免造成腦部傷害的環境噪音、重金屬、殺蟲劑等。

此外能夠降低罹病風險，目前已證實的犬貓保護因子，請參照表 7-1-2。

	狗	貓
Vitamin B$_{12}$		✓
Vitamin E	✓	
Vitamin C	✓	
粒線體輔因子	✓	
左旋肉鹼 L-carnitine 硫辛酸 Lipoic acid	✓	
中鏈三酸甘油酯 MCTs	✓	
行為	✓	✓
環境豐富化	✓	✓

表 7-1-2：犬貓保護因子。

[獸醫師的小叮嚀]

❶ 這邊指的飲食，是針對整體健康的犬貓做的建議；自製食品指的是未經營養專科獸醫師建議，所調配的飲食。

❷ 補充其他食物或營養素前，建議諮詢獸醫師。

🐾 預防飲食

預防飲食有 2 大功能，分別是預防認知下降，以及作為認知障礙的治療方式。目前研究已經證實，**餵食未經管控的食品得到認知障礙的機率，為餵食管控食品的 2.8 倍！**因此日常飲食的選擇是非常重要的。

🐾 營養素的補充

補充容易缺乏的營養素，對於認知障礙疾病的飲食來說有正向幫助，例如：抗氧化劑、薑黃素、白藜蘆醇、兒茶素、包含 Omega 3 的不飽和脂肪酸、全穀物的飲食、水果蔬菜。另外還

表 7-1-3：預防飲食與未經管控的食物。

圖 7-1-5：綠葉蔬菜中的類胡蘿蔔素是很好的抗氧化劑來源，要注意
餵食綠葉蔬菜時，必須將其切成丁狀或打成泥，避免毛孩消化不良。

有，富含中鏈三酸甘油脂的食物，例如：椰子油、棕櫚仁油提煉
的補充品。不論是阿茲海默症或認知障礙，這些病患的大腦使用
葡萄糖的能力會受損，而葡萄糖是大腦最主要的能量來源，中鏈
三酸甘油脂能提供認知受損病患的大腦其他能量來源的選擇。

補充品及藥品

市面上較常見的補充品有以下幾種：

腺甲硫氨酸 S-adenosylmethionine, SAMe

是一種胺基酸營養成分，在很多食物中都有，尤其在肉類及太
陽花種子內含量多，常用於肝病及許多疾病的補充品。例如，
Denosyl®, Novifit®, Zentonil® 等商品化產品。

[獸醫師的小叮嚀]

藥品一定要經由獸醫師指示後才能使
用，不要自行購買給毛孩吃哦！

圖 7-1-6：
SAMe 腺甲硫氨酸產品。

磷脂絲胺酸 Phosphatidylserine

為一種磷脂質，可幫助維
持正常細胞膜功能。

圖 7-1-7：
磷脂絲胺酸產品。

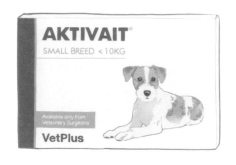

市面上較常見的藥品

市面上較常見的藥品以口服的 L-Deprenyl（商品名 Anipryl®，成
分為 Selegiline hydrochloride），目前被認為能夠有效改善多數
患有認知障礙狗狗的認知功能，並延緩疾病的進展。但是，每
個毛孩的嚴重程度和藥物的反應都不一樣，所以幫助程度也不
太一致，多數病例中，使用
Selegiline 的第一個月可以
看到正向幫助。

圖 7-1-8：
Anipryl® 產品

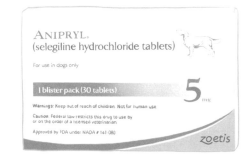

♦ **其他**

另外，配合使用輔助治療也能幫助使病患安定，如能減少焦慮及改善睡眠的退黑激素、頡草根，以及安撫情緒的費洛蒙等。當毛孩有其他症狀時，也可針對個別情形與獸醫師討論，確認是否需要其他藥物的介入幫助。

生活環境認知的豐富化

對毛孩而言，家長能夠藉由一些途徑，來幫牠們建立起生活環境認知的豐富化，如常規的日常活動、散步；還有常規的物理治療活動，如運動治療（請參考 P.232 Ch4-5〈簡單的運動治療：常見運動治療的介紹〉）、水療。也可以引進新玩具，增加與家人及其他毛孩的社交互動，都能夠避免或延緩任何年紀認知衰退，並增進認知功能。

圖 7-1-9：物理治療活動的運動治療。

▍身為家長的你，能夠做些什麼呢？

保持簡單 (家中擺設、走道淨空、簡單指令)

保持日常規律 (放飯時間、散步、上廁所)

動動腦不會老 (鼓勵毛孩進行使用大腦的活動、日常簡單運動)

了解毛孩的極限 (愛與耐心，慢慢的調整)

記錄毛孩變化

定期健檢 (老年動物至少每 6 個月回診一次)

表 7-1-4：身為家長的你，能夠做些什麼呢？

[獸醫師的小叮嚀]

8 歲開始就可能有腦病變，早期開始
治療，有最好的正向影響，請用愛與
耐心，協助毛孩度過老年時光。

特別感謝

復健治療是一段不短的旅程，除了需要病患良好的配合之外，也需要飼主耐心地回診及照料，才能讓每一段旅程都順利圓滿。因此我們有許多好夥伴，陪著我們進步，也陪著我們成長，在這邊特別感謝這些毛小孩與家長們，並希望藉由這本書為他們留下紀念。

Zoey

又名叨叨，蕭醫師愛犬
Wondervet 的 logo 靈感來源。

方吉

又名小吉，林醫師愛犬
Wondervet 的 logo 靈感來源。

小米

多發性關節炎
✚ 雷射及水療

小麥

椎間盤炎、腰薦關節狹窄
✚ 運動及徒手治療

污吶

退行性脊髓神經病變
✚ 雷射及水療

含吉

退行性脊髓神經病變
✚ 雷射及水療

妞妞

椎間盤疾病
✚ 術後雷射及水療

胖金

✚ 脊髓腫瘤
✚ 水療

楊熊熊

退化性關節炎
✚ 雷射及水療。

達令

腰薦關節狹窄
✚ 雷射及徒手治療。

Pocky

多發性關節炎
✚ 雷射及運動治療。

骨科獸醫師的狗貓復健全書

骨關節炎・前十字韌帶斷裂・椎間盤疾病・20 種外科常見問題的對症照護指南

作者	Wondervet 超級好獸醫　蕭慧貞、林哲宇
插圖	林川
美術設計	腳啾

社長	張淑貞
總編輯	許貝羚
責任編輯	曾于珊
行銷企劃	呂玠蓉

發行人	何飛鵬
事業群總經理	李淑霞
出版	城邦文化事業股份有限公司　麥浩斯出版
地址	115 台北市南港區昆陽街 16 號 7 樓
電話	02-2500-7578
傳真	02-2500-1915
購書專線	0800-020-299

發行	英屬蓋曼群島商家庭傳媒股份有限公司城邦分公司
地址	115 台北市南港區昆陽街 16 號 5 樓
電話	02-2500-0888
讀者服務電話	0800-020-299（9:30AM~12:00PM；01:30PM~05:00PM）
讀者服務傳真	02-2517-0999
劃撥帳號	19833516
戶名	英屬蓋曼群島商家庭傳媒股份有限公司城邦分公司

香港發行	城邦〈香港〉出版集團有限公司
地址	香港九龍土瓜灣土瓜灣道 86 號順聯工業大廈 6 樓 A 室
電話	852-2508-6231
傳真	852-2578-9337
Email	hkcite@biznetvigator.com

馬新發行	城邦（馬新）出版集團 Cite（M）Sdn Bhd
地址	41, Jalan Radin Anum, Bandar Baru Sri Petaling, 57000 Kuala Lumpur, Malaysia
電話	603-9056-3833
傳真	603-9057-6622
Email	services@cite.my

製版印刷	凱林印刷事業股份有限公司
總經銷	聯合發行股份有限公司
地址	新北市新店區寶橋路 235 巷 6 弄 6 號 2 樓
電話	02-2917-8022
傳真	02-2915-6275

版次	初版一刷 113 年 06 月
定價	新台幣 880 元／港幣 293 元
ISBN	9786267401590（平裝）

國家圖書館出版品預行編目（CIP）資料

骨科獸醫師的狗貓復健全書 / 蕭慧貞，林哲宇作 . -- 初版 . -- 臺北市：城邦文化事業股份有限公司麥浩斯出版：英屬蓋曼群島商家庭傳媒股份有限公司城邦分公司發行, 2024.06

　面；　公分

ISBN 978-626-7401-59-0（平裝）

1. 獸醫學 2. 犬 3. 貓

437.25　　　　　　　　　　113005532